Gabriele Metz

Alles über
Pferderassen

Herkunft
Aussehen
Fähigkeiten

Inhalt

Gangpferde

Amerikanische Rassen

Wildpferde

Vollblüter und Arabische Rassen

Kaltblüter

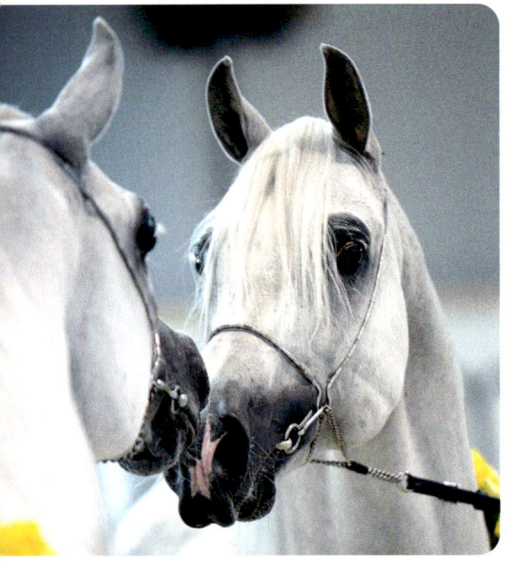

Kunterbunte Pferdewelt

Niedliche Winzlinge, riesige Muskelprotze, elegante Grazien und üppige Schönheiten – strahlend weiß, lackschwarz, schokoladenbraun oder gar gepunktet: Die Welt der Pferde ist bunt, kunterbunt sogar. Kaum zu glauben, dass alle heutigen Rassen auf nur vier Urtypen zurückgehen sollen. Und doch ist es so, auch wenn es natürlich viele Mischtypen gibt. Wer bekommt da nicht Lust, diese faszinierende Vielfalt zu entdecken!

Pferdeliebhaber finden Rassen für jeden Geschmack und jedes Einsatzgebiet: Es gibt Spezialisten für den Dressur- und Springsport, für die klassisch-barocke oder die spanische Reitkunst, für die Vielseitigkeit, das Jagdreiten, das Western- und Distanzreiten, den Fahrsport und für vieles mehr. Manche Pferde sind echte Allrounder und glänzen in den verschiedensten Sparten. Das wissen vor allem Freizeitreiter zu schätzen.

Auf gute Partnerschaft

Millionen von Menschen interessieren sich laut Umfragen für Pferde, viele davon steigen regelmäßig in den Sattel. Die meisten von ihnen sind Freizeitreiter. Und dass alle einen zu ihren Vorlieben passenden Freizeitpartner finden, ist der großen Pferdevielfalt zu verdanken.

Fast jeder träumt davon, einmal im Sattel eines Pferdes zu sitzen.

Das Angebot an unterschiedlichen Typen und Rassen ist schier überwältigend, hat aber auch einen Haken: Wer sich zu spontan entscheidet, trifft vielleicht keine gute Wahl. Das Exterieur, also das Aussehen eines Pferdes, ist nur eine Seite der Medaille. Das Interieur, sein Wesen, die andere. Eine harmonische und erfolgreiche Beziehung zwischen Pferd und Mensch setzt einiges voraus. Zum Beispiel, dass sowohl die äußerlichen als auch die inneren Werte eines Pferdes zum Anforderungsprofil seines Reiters passen.

Ausdrucksvoll und rätselhaft: Pferde sind faszinierende Geschöpfe.

Rundum informiert

Eine Garantie für ein gelungenes Miteinander von Pferd und Mensch gibt es zwar nie, aber zumindest die Möglichkeit, die besten Voraussetzungen zu schaffen. Dazu gehört, sich möglichst genau über die typischen Merkmale einer Rasse zu informieren.

Manche Rassen sind für ihre Spring- oder Dressurveranlagung berühmt, andere für ihr spektakuläres Gangvermögen oder für ihr stabiles Nervenkostüm. Sicher, es gibt immer einzelne Pferde, die aus der Rassenorm herausfallen, aber sie sind eher Ausnahmen. Letztendlich bieten Rassestandards, Fachliteratur und Gespräche mit Züchtern einer Rasse immer wertvolle Anhaltspunkte.

Traumpferd gesucht

Die folgenden Kapitel helfen, sich im Dschungel der Pferderassen ein wenig besser zurechtzufinden. Sie gehen nicht auf alle Pferderassen ein, aber auf eine repräsentative Auswahl, die sicher für jeden Geschmack etwas bietet. Kecke Ponys, edle Warmblüter, schicke Spanier, opulente Barockpferde, coole Western Horses, unnahbare Wildpferde, temperamentvolle Vollblüter, imposante Kaltblüter und bequeme Fünfgänger entführen uns Pferdefreunde in eine faszinierende Welt. Und vielleicht entdeckt ja der eine oder andere sein ganz persönliches Traumpferd!

So wird man Pferdekenner

Pferdetypen

Pferde – das ist ein Wort, hinter dem sich eine unglaubliche Vielfalt verbirgt. Es gibt kleine, große, schmal gebaute und grobknochige Pferde und noch viele weitere Varianten. Auch Wesen und Eignung der Pferde lassen sich nicht auf einen Nenner bringen. Manche schäumen vor Temperament über, wogegen andere die Ruhe selbst sind. Während einige Pferde gekonnt über die höchsten Hindernisse setzen, ist anderen schon ein Ast auf dem Reitweg zu viel.

Für welchen Typ Pferd man sich entscheidet, hängt von vielen Faktoren ab. Sollte es zumindest, denn ansonsten erweist sich die Wahl des Freizeit- oder Sportpartners vielleicht als enttäuschend.

Zum einen sind es der persönliche Geschmack und die reiterlichen Fähigkeiten, die bei der Suche eine Richtung weisen. Natürlich sollte ein Pferd seinem Besitzer gefallen. Es sollte ihn aber auch nicht überfordern. Welche Vorteile bringt der wunderschöne Andalusierhengst, wenn sein Besitzer sich nicht in den Sattel traut? Umgekehrt fühlt

sich ein erfahrener Reiter vielleicht unterfordert, wenn er ein Pferd reitet, das sich im Anfängerunterricht als hervorragender Lehrmeister entpuppen würde.

Optik – Exterieur

Was die Optik angeht, fällt die Entscheidung vermutlich leicht. Hier gibt es keine allgemeine Richtlinie, sondern nur den individuellen Geschmack. Dem einen gefällt vielleicht ein großrahmiges Warmblut mit geradem Profil, der andere begeistert sich eher für einen zierlichen Vollblutaraber mit Knick in der Nasenlinie. Während manche Reiter am liebsten in den Sattel eines Ponys steigen, beginnt für andere der Spaß erst jenseits des 1,70-Meter-Stockmaßes.

Es gibt begeisterte Liebhaber üppig wallender Mähnen und Schweife. Aber auch Pferdefreunde, die den sportlich-praktischen Look vorziehen. Viele geraten beim Anblick eines verschwenderischen Fesselbehangs ins Schwärmen, andere empfinden das eher als schwerfällig. Die unterschiedlichen Geschmäcker liefern endlos viel Stoff für Diskussionen, bei denen jeder behauptet, er habe das schönste Pferd und alle anderen Rassen seien hässlich. Solche Meinungsverschiedenheiten sind nicht schlecht: Sie schaffen letztendlich die Grundlage der optischen Vielfalt der Pferdewelt.

Nicht nur die Schönheit, sondern auch die Eignung zählt.

Wesen – Interieur

Weniger offensichtlich ist das Wesen eines Pferdes. Und auch hier gibt es viele verschiedene Typen: mutige Draufgänger, schreckhafte Sensibelchen, träge Gesellen, lebensfrohe Kumpeltypen und viele mehr. Man sollte daher versuchen, ein Pferd richtig einschätzen zu können, bevor man mit ihm die nächsten Jahre verbringt. Denn das Interieur ist mächtig und auch mit der besten Ausbildung nur bedingt zu beeinflussen.

Sicher, es gibt Ausnahmen. Manchen Reitern gelingt es, ein Fjordpferd bis hin zu schwersten Dressurlektionen auszubilden. Andere schaffen es, aus ängstlichen Nervenbündeln selbstbewusste Pferde zu machen, die sogar in Extremsituationen nicht den Kopf verlieren. Aber all das erfordert sehr viel Know-how und einen enormen zeitlichen Aufwand.

Manchmal ist der erste Eindruck unter Umständen trügerisch. Auch Kaltblüter können ein sehr sensibles Wesen haben.

Das passende Pferd

Es gibt für jeden Pferdefreund das passende Pferd. Man muss es nur finden, und das ist gar nicht so schwierig, wenn man sich richtig informiert und sich Zeit lässt. Sicher, nicht alle Pferde einer Rasse sind gleich, aber es gibt dennoch gewisse Kriterien, die innerhalb einer Rasse maßgeblich sind. Es würde wenig Sinn machen, sich ein Shetland Pony zu kaufen, wenn der große Springsport ein geheimer Traum ist. Ideal ist ein Pferd, das seinem Reiter gefällt und dem persönlichen Anforderungsprofil gerecht wird. Und wenn man dann noch das Gefühl hat: „Wir passen zusammen!", steht einer gelungenen Partnerschaft nichts mehr im Wege.

Wer von internationalen Dressurerfolgen träumt, setzt gerne auf Warmblüter. Sie bringen nämlich hervorragende Voraussetzungen für den großen Sport mit.

Exterieur des Pferdes

Der Körperbau eines Pferdes wird auch als Exterieur bezeichnet. Er bildet den Gegenpol zum Interieur, den inneren Qualitäten. Beim Exterieur geht es um die Größe des Pferdes, die an der höchsten Stelle des Widerristes ermittelt wird. Aber auch um die Länge des Rückens, die Form der Kruppe, die Position des Schulterblattes und vieles mehr. Was Laien einfach in „schön" oder „hässlich" unterteilen, birgt für Fachleute viele weitere Kriterien.

Der Körperbau umfasst Kriterien, die nicht zuletzt den Wert eines Pferdes ausmachen. Ist das Exterieur makellos, das heißt, dem jeweiligen Rassestandard entsprechend, freut sich jeder Züchter. Aber auch Pferde, die keine Papiere haben, weil sie vielleicht von Eltern unterschiedlicher Rassen abstammen, können einen guten oder schlechten Körperbau aufweisen.

Was heißt denn nun eigentlich gut oder schlecht? Bei Pferden wird das in der Regel an der Funktionalität festgemacht. Sie sollen korrekt auf den Beinen stehen, dabei stabile Knochen haben und sich ausdrucksvoll bewegen können. Fehlstellungen (zehenweit, zeheneng, kuhhessig etc.) sind beispielsweise unerwünscht, ebenso wie ein eingeschränkter Raumgriff, der durch eine zu steil gelagerte Schulter bewirkt wird.

Das Gleiche gilt für zu „weiche" Rücken, die nicht erst im hohen Alter, sondern schon bei Pferden in den besten Jahren an Hängebrücken erinnern. Und für sogenannte „Axthiebe", eine kerbenähnliche Einbuchtung am unteren Ende des Mähnenkamms oder auch für Karpfenrücken, die sich buckelartig aufwölben.

Es gibt viele Mängel, die auch Laien sofort auffallen, aber nicht immer verbergen sich dahinter ernsthafte Probleme. Ein optischer Makel muss keinerlei Auswirkungen auf die Leistungsfähigkeit des Pferdes haben. Im Zweifelsfall einfach den Tierarzt fragen.

Belastbar?

Fachleute, die Pferde beurteilen, kennen zahlreiche weitere Beispiele für Exterieurmängel und sie wissen auch, wie ein guter Körperbau auszusehen hat. Dabei haben sie stets die Gebrauchs- und Leistungsfähigkeit des Pferdes im Hinterkopf. Mit wenigen Ausnahmen: In der sogenannten Schauszene,

Schön und leistungsstark kommt dieser Isländer daher.

bei der es nicht um die Rittigkeit der Pferde, sondern ausschließlich um Schönheitsideale geht, bleiben Gebrauchs- und Leistungsfähigkeit mitunter auf der Strecke. Bei Vollblutarabern, die ausschließlich für Schauzwecke gezüchtet werden, ist diese Problematik inzwischen leider weit verbreitet.

Stockmaß und Kaliber

Zurück zum Exterieur. Das Stockmaß eines Pferdes wird in der Regel mit einem Zollstock ermittelt. Es gibt aber auch das Bandmaß, bei dem ein flexibles Maßband an den Körper des Pferdes gelegt wird. Dabei kommen aufgrund von Muskulatur und Gelenken, im Vergleich zum Stockmaß, noch einige Zentimeter hinzu. Ab einer Größe von 148 Zentimetern Stockmaß ist von Pferden die Rede. Alles, was kleiner ist, gehört dann definitionsgemäß zu den Ponys.

Die Größe allein sagt noch nichts über die Belastbarkeit eines Pferdes aus. Islandpferde zum Beispiel tragen erwachsene Männer problemlos über Stock und Stein. Das muss bei einem zierlichen Vollblut, das eigentlich viel größer ist, nicht der Fall sein. Die Belastbarkeit hängt nicht alleine vom Stockmaß, sondern vielmehr von der Knochen- und Gelenkstärke ab. Auch die Rückenlänge und die Bemuskelung spielen eine wesentliche Rolle. Pferde, bei denen all das auf Belastung ausgelegt ist, werden als kalibrig bezeichnet.

Rückenlänge und Kruppe

Auch die Rückenlänge ist ein wichtiger Punkt der Exterieurbeurteilung. Sie variiert von Rasse zu Rasse. Während typische Gangpferderassen wie Islandpferde oder Aegidienberger eher kurze Rücken haben, sind im Springsport vor allem rechteckige Pferde mit langen Rücken zu sehen. Ganz gleich, wie lang der Rücken ist, er sollte bei jeder Gangart gut beweglich sein.

In der Kruppe, dem Allerwertesten des Pferdes, steckt eine Menge Energie, zumindest dann, wenn die Kruppe schön rund und muskulös ist. Die meisten Rassen haben eine lange, breite Kruppe, die mäßig abfällt. Bei Zugpferden herrschen steil abfallende Kruppen mit tiefem Schweifansatz vor.

Von Kopf bis Fuß

Auch Kopf, Hals und Beine gehören zum Exterieur eines Pferdes. Meistens ist es der Kopf, der ein Pferd als Schönheit oder als hässliches Entlein erscheinen lässt. Ausdruck und Typ sind gefragt. Ob der Kopf dabei konkav wie beim Vollblutaraber, gerade wie beim Warmblut oder konvex wie beim barocken Kladruber ist, erscheint nebensächlich. Das ist reine Geschmackssache. Natürlich gilt aber auch bezüglich der Kopfform der Rassestandard.

Die Kopfform eines Pferdes ist rasseabhängig und hat mit seinen Vorfahren, den Urtypen, zu tun.

Typ I, das Nordpferd „Urpony", hatte eine kräftige untere Kopfpartie, eine kurze Maulspalte, eine breite Stirn und kleine Ohren. Diese Kopfform ist beispielsweise beim Exmoor Pony noch deutlich zu erkennen. Typ II, das Nordpferd „Urkaltblüter", zeigte eine Ramsnase und schmale, weit unten angesiedelte Nüstern. Solche Köpfe sind heute noch bei vielen Kaltblutrassen vertreten. Typ III, das Südpferd „Steppenpferd", zeichnete ein langer schmaler Kopf – manchmal mit Ramsnase – aus. Auch schmale Nüstern und lange Ohren galten als typisch. All dies sind Merkmale, die bei vielen Warmblutrassen zu sehen sind. Und dann gab es noch Typ IV, das Südpferd „Uraraber" mit großen, tief sitzenden Augen, zierlichem Kiefer und Hechtköpfen, wie sie heute noch für Vollblutaraber charakteristisch sind.

Inzwischen gibt es auch viele attraktive Mischformen.

Auch ein schwerer Kaltblutkopf hat seinen Reiz.

Hals

Auch die Halsformen der Pferde haben mit den Urtypen zu tun. Hier mag ebenfalls jeder seine geschmackliche Präferenz haben, aber der Hals hat auch direkte Auswirkungen auf die Verwendungsmöglichkeiten eines Pferdes. Ein tief angesetzter Hals – wie ihn beispielsweise viele Quarter Horses haben – verlagert den Gewichtsschwerpunkt nach vorne. Wogegen ein hoch angesetzter Hals einer schönen Aufrichtung entgegenkommt und außerdem das Aufnehmen vermehrter Traglast durch die Hinterhand fördert.

Feiner Kopf und schlanker Hals: typisch Vollblutaraber

von Sehnen und Gelenken führen, sollten aber dennoch nicht so stark ausgeprägt sein, dass sie die Leistungsfähigkeit des Pferdes beeinträchtigen.

An den Vorderbeinen ist das Verhältnis zwischen Unterarm und Röhrbein wichtig. Während ein langer Unterarm und ein kurzes Röhrbein eine lange, flache Galoppade fördern, bringt ein kürzerer Unterarm mit längerem Röhrbein mehr Aktion. Wichtig ist ein gut ausgeprägtes, breites Vorderfußwurzelgelenk.

Die Fesseln des Pferdes zeigen im Idealfall eine 45-Grad-Winkelung zum Boden. Ist dieser Winkel kleiner und geht mit langen Fesseln einher, ist das Pferd bequemer zu sitzen. Kurze, steile Fesseln sorgen für eine starke Erschütterungen der Gelenke und auch des Reiters.

Dressur- und Barockreiter liebäugeln deshalb ganz klar eher mit hoch angesetzten Hälsen. Ein Westernreiter kann dagegen wunderbar mit einem tiefen Halsansatz in den verschiedenen Disziplinen glänzen.

Die sogenannte Ganaschenfreiheit, damit ist der Raum zwischen den „Backen" des Pferdes und dem oberen Halsansatz gemeint, erleichtert eine natürliche Aufrichtung. Viele Ponyrassen haben einen kurzen und auch eher stämmigen Hals mit wenig Ganaschenfreiheit. Für sie ist es schwierig, entspannt an den Zügel zu treten.

Fundament

Das schönste Haus könnte nicht ohne Fundament stehen, und genauso geht es auch Pferden. Ihre Beine bilden das Fundament und sie müssen eine Menge aushalten. Nicht nur, dass bereits das Eigengewicht mitunter beachtlich ist, es muss schließlich auch noch das Gewicht des Sattels und des Reiters abgefangen werden. Beim Springen wirken noch weitaus stärkere Belastungen auf die Pferdebeine ein.

Ideal ist es natürlich, wenn Pferde auf geraden, korrekten Beinen stehen. Allerdings gibt es auch vielfältige Fehlstellungen – bei manchen Rassen sogar gehäuft. Diese müssen zwar nicht zu frühzeitigem Verschleiß

Springlebendig, dank gutem Fundament

Feuerwerk der Farben

Wenn es um Farbvielfalt geht, laufen Pferde vielen anderen Säugetieren den Rang ab. Es gibt Füchse, Braune, Rappen und Schimmel in den unterschiedlichsten Schattierungen. Außerdem Schecken, Tigerschecken und Albinos. Bei manchen Rassen ist die Farbe sogar ein unverkennbares Merkmal. Zum Beispiel bei Friesen, den schwarzen Perlen, oder Haflingern, den netten Blondschöpfen. Fast jeder Reiter hat wahrscheinlich eine Lieblingsfarbe.

In der Pferdezucht werden zunächst einmal vier Grundfarben unterschieden: Füchse, Braune, Rappen und Schimmel. Genetisch festgelegt sind jedoch eigentlich nur zwei Farben, nämlich Schwarz (Rappe) und Rot (Fuchs).

Andere Farbgene sorgen zum Beispiel für die Aufhellung des Deck- oder Langhaares. Weitere sind ursächlich für eine Scheck- oder Tigerzeichnung oder Abzeichen am Kopf und an den Beinen.

Aufhellungen bewirken, dass aus genetischen Rappen Braune und Falben werden. Aus Füchsen können auf diese Weise dann Palominos und Isabellen entstehen.

Schimmel

Schimmel sind in der Regel dunkel, wenn sie zur Welt kommen. Erst allmählich werden sie ganz weiß – oft erst mit Vollendung des zehnten Lebensjahres.

Die Schimmelfarbe hat einen dominanten Erbgang. Verpaart man reinerbige Schimmel mit reinerbigen Braunen, Rappen oder auch Füchsen, ist die Nachzucht ebenfalls weiß. Bei reinerbigen Schimmeln müssen beide Elterntiere Schimmel sein. Bei nicht reinerbigen Schimmeln gibt es immer wieder auch andersfarbige Fohlen.

In der Vollblutaraberzucht sind Schimmel besonders stark verbreitet.

Arcador ↓ ∨

Füchse haben viele Liebhaber.

Füchse

Füchsen fehlt das schwarze Pigment, deshalb sind ihre Mähnen und Schweife fuchsfarben und nicht wie beim Braunen schwarz. Auch ihre Anhängerschaft ist groß. Verpaart man Füchse untereinander, entstehen wiederum Füchse. Da der Erbgang rezessiv verläuft, wartet man bei Verpaarungen mit reinerbigen Rappen oder Braunen vergeblich auf fuchsfarbenen Nachwuchs. Sind die Zuchtpartner nicht reinerbig, besteht eine Fifty-Fifty Chance.

Rappen

Ein lackschwarzes Pferd ist für viele der Traum schlechthin. Um dieses Ziel zu erreichen, verpaart man am besten zwei reinerbige Rappen miteinander. Denn da ist es sicher, dass auch wieder ein Rappe entsteht. Bei einer Verpaarung mit Braunen stehen die Karten schlecht: Schwarz vererbt sich rezessiv und zieht folglich den Kürzeren. Das Ergebnis sind Braune oder Dunkelbraune.

Braune

Braune erkennt man nicht nur an ihrer von hellbraun bis schwarzbraun reichenden Fellfarbe, sondern auch an ihrem stets

schwarzen Langhaar. Neben Füchsen sind sie die am stärksten verbreitete Farbvariante der Reitpferdezucht. Bei der Verpaarung reinerbiger Brauner mit reinerbigen Füchsen oder Rappen entstehen braune Fohlen.

Albinos

Nicht so häufig wie die genannten Grundfarben sind Albinos. Nicht nur ihr Fell ist hell, sondern auch ihre Haut. Sie zeigt ein zartes Rosé und die hellblauen Augen passen einfach exakt dazu. Liebhaber dieser nicht unumstrittenen Farbvariante gab es schon immer. Allerdings haben sich Albinos nie wirklich durchgesetzt, weil die Fohlen-Sterblichkeit recht hoch war und die Farbe auch bei erwachsenen Tieren zu Lasten der Vitalität ging.

Bunte Vögel

In den letzten Jahren sind Schecken erneut in Mode gekommen. Auch in der Vergangenheit gab es bereits glühende Verehrer dieser Farbvariante. Napoléon Bonaparte, der Kaiser von Frankreich, war einer von ihnen. Er ließ auf seinen Raubzügen kurzerhand alle Schecken beschlagnahmen.

Es gibt viele unterschiedliche Scheckvarianten, von großen einzelnen Flecken auf hellem Deckhaar bis hin zu vielen kleinen Flecken. Schecken sind immer zwei-, manchmal sogar dreifarbig.

Während des Fellwechsels kann es zu interessanten Schattierungen kommen. Beim Übergang vom längeren, dunklen Winterfell zum kurzen, hellen Sommerfell können auch lustige Augenringe entstehen.

Pferdebeurteilung

Die Beurteilung eines Pferdes ist gar nicht so einfach. Nicht umsonst gibt es Fachleute, die sich auf diese Aufgabe spezialisiert haben und damit auch ihr Geld verdienen. Aber auch als Laie kann man durchaus das eine oder andere Kriterium erkennen, das Rückschlüsse auf die Eignung eines Pferdes erlaubt. Schließlich ist längst nicht jedes Pferd gleichermaßen gut für jede Disziplin geeignet. Deshalb ist vor dem Kauf ein gutes Auge gefragt. Oder ein guter Berater.

Ein Pferdekenner sein – das wollen viele. Doch was dem einen im Blut liegt, erreicht der andere nicht einmal durch jahrelange Studien. Klar, man kann lernen, grobe Gebäudefehler eines Pferdes zu erkennen. Doch die alleine verraten noch längst nicht alles über die Eignung und Leistungsfähigkeit eines Pferdes. Eine Fehlstellung mag beispielsweise sofort negativ auffallen. Sie muss jedoch keine Auswirkungen auf die Gesundheit haben. Dafür können andere Fehler, die viel unauffälliger sind, zu einer deutlichen Beeinträchtigung der Belastbarkeit führen, zum Beispiel ein zu weicher Rücken. Schließlich stellt sich auch noch die Frage, ob das zu begutachtende Pferd nur unter dem Sattel glänzen oder auch zur Zucht eingesetzt werden soll. Bei Zuchttieren müssen allerhöchste Qualitätskriterien erfüllt sein.

Reitpferde-Qualitäten

Gute Reitpferde zeichnen sich durch bestimmte Merkmale aus. Die Vorhand, zu der Kopf, Hals, Widerrist und die Schulter gehören, nimmt hierbei eine ganz zentrale Rolle ein.

Freie Ganaschen und ein beweglicher Halsansatz sind die besten Voraussetzungen für eine schöne Beizäumung – die Aufrichtung des Pferdes, bei der das Genick den höchsten Punkt einnimmt. Kurze, dicke Hälse und massive Backenknochen sind eher nachteilig. Was ambitionierte Dressurreiter stört, ist für andere jedoch vielleicht gar nicht wichtig. Denn im Gelände ist eine perfekte Aufrichtung eher zweitrangig. Und beim Pleasure-Reiten wäre sie sogar ein unverzeihlicher Fauxpas.

Ein guter Halsansatz entscheidet mit über die Eignung als Reitpferd. Ist er zu tief angesetzt, ist es schwieriger, die Traglast auf die Hinterhand des Pferdes zu verlagern. Es tendiert dann dazu, die Vorderbeine stärker zu belasten. Erinnert der Hals eher an den eines Schwanes, mag das Vollblutaraberfreunde entzücken, die Reitpferdequalität aber eher schmälern. Denn Pferde mit überlangen und geschwungenen Hälsen verkriechen sich beim Reiten nur allzu gerne hinter dem Zügel. Mit der reiterlichen Einwirkung ist es dann vorbei.

Nicht jedes Pferd ist für jede Disziplin gleich gut geeignet. Aber es gibt auch Rassen, die disziplinübergreifend eine gute Figur machen, wie dieser Vollblutaraber-Hengst unter dem Westernsattel.

Widerrist, Schulter und Rücken

Das Wohlbefinden des Reiters hängt auch vom Widerrist des Pferdes ab. Im Idealfall ist er gut ausgeprägt und reicht weit in den Rücken hinein. Dadurch entsteht eine ausgeprägte Sattellage, die einen guten Sitz des Sattels ermöglicht. Ist kein ausgeprägter Widerrist vorhanden, rutscht der Sattel leicht nach vorne, was einen Schweifriemen erforderlich macht.

Die Aktion der Vorhand hängt stark von der Schulter ab. Ist sie lang und schräg gelagert, steht einem schwungvollen Gangwerk nichts mehr im Wege. Umso steiler die Lagerung der Schulter ist, desto mehr verkürzt sich der Raumgriff.

↓ Hokkaido

Gute Hannoveraner sind hervorragende Reitpferde.

Auch der Rücken des Pferdes wirkt sich auf sein Gangwerk und den damit verbundenen Sitzkomfort aus. Gute Reitpferde haben einen mittellangen, leicht geschwungenen Rücken. Allerdings gibt es auch Disziplinen, in denen ein kurzer Rücken gefragt ist. Zum Beispiel beim Westernreiten. Dort überzeugen vor allem quadratisch gebaute Pferde, die problemlos blitzschnelle Drehungen auf der Hinterhand vollziehen können.

Beratung ist wichtig

Letztendlich kommt es immer auf das zukünftige Einsatzgebiet des Pferdes an, grobe Fehler, die sich auf die Gesundheit und Leistungsfähigkeit auswirken, einmal ausgenommen. Umso wichtiger ist es, sich vor dem Kauf eines Pferdes klar zu sein, wie seine Laufbahn aussehen soll. Wer von Dressurehren träumt, muss andere Schwerpunkte setzen als jemand, der ein Springpferd sucht. Ponyfreunde achten auf ganz andere Kriterien als Vollblut-Liebhaber. Beim Westernreiten stehen Merkmale im Vordergrund, die einem Anhänger der klassisch-barocken Reitkunst spanisch vorkommen würden. Deshalb sollte man im Zweifelsfall immer einen Fachmann befragen, bevor man sich zum Kauf eines Pferdes entschließt. Außer, man gehört selbst zu den Menschen, die ein untrügliches Gespür für das richtige Pferd haben.

Ponys

Camargue-Pferd

Temperament, Ausdauer und Mut machen Camargue-Pferde zu Top-Partnern. Nicht nur für Rinderhirten, sondern auch für Freizeitreiter. Sie sind robust und rittig. Blitzschnelle Wendungen und ein angeborenes Gespür für die Arbeit an Rinderherden sind typisch für die Rasse. All das prädestiniert die französischen Schimmel für vielseitige Reiterei. Ganz gleich, ob man Wanderreiter ist, gerne in den Westernsattel steigt oder einfach nur die Natur genießen möchte.

Camargue-Pferde sind vielseitige Freizeitpartner – und gar nicht wasserscheu.

▶ Weißer Traum

Name:	**Camargue-Pferd, Crin Blanc**
Ursprung:	Frankreich
Stockmaß:	135–145 cm
Farbe:	Schimmel
Körper:	drei Typen: 1. klein, kompakt, kurzbeinig 2. leichter, hochbeiniger 3. Mischtyp
Kopf:	zwei Typen: 1. breitstirnig, schwer, kurze Ohren 2. schmaler, oft geramster Schädel, längere Ohren
Hals:	gerade, Tendenz zum Hirschhals
Hufe:	groß, breit, gut geformt

Das malerische Rhône-Delta ist die Heimat des Camargue-Pferdes. Die sumpfige und wasserreiche Landschaft, in der die Crin Blancs vermutlich seit Jahrtausenden leben, hat der Rasse einige bemerkenswerte Besonderheiten beschert. So zum Beispiel die etwas spezielle Menü-Auswahl: Salzpflanzen, die an und unter der Wasseroberfläche wachsen, gelten unter den halbwilden Ponys als Delikatesse. Damit beim genüsslichen Verzehr der unter Wasser wachsenden Pflanzen kein Wasser in die Atemwege dringt, verschließen Camargue-Pferde einfach für einen kurzen Moment ihre Nüsternöffnungen. Diese Fähigkeit teilen sie sich übrigens mit den Elchen.

Es gibt ein weiteres, camarguetypisches Phänomen: Die weißen Hirtenpferde bekommen keine Mauke (entzündliche Hautveränderungen, die überwiegend in den Fesselbeugen auftreten). Und das, obwohl sie die meiste Zeit auf sumpfigen Böden stehen. Jede Einkreuzung anderer Rassen führt zum sofortigen Verlust dieser Besonderheit.

Ursprung? Ungeklärt!

Es gilt als ungeklärt, wann und wie die ersten weißen Schönheiten nach Südfrankreich gelangten. Manche Fachleute vermuten, es könnte sich um die Nachfahren von Vollblutarabern und Berberpferden handeln, die im achten Jahrhundert von den Sarazenen zurückgelassen wurden. Bewiesen ist diese Theorie ebenso wenig wie die Vermutung, es könnte eine Verbindung zwischen Camargue-Pferden und dem Pferd des Solutré-Typs aus grauer Vorzeit geben.

Stuten in Freiheit

Viel wichtiger als die Vergangenheit ist jedoch die Gegenwart, und die sieht für die Ponys des 70 000 Hektar großen Rhône-Deltas einen strikten Plan vor: Als Jährlinge werden alle Junghengste mit einem Brandzeichen versehen. Das kann sogar bis zu 17 Zentimeter groß sein und ist das Wiedererkennungszeichen des jeweiligen Herdenbesitzers (Manadier). Dann geht es wieder ab in die Freiheit. Zumindest für einige Zeit, denn im Alter von drei bis vier Jahren wartet die nächste Erfahrung mit Menschen auf die Hengste. Sie werden eingefangen, kastriert und meistens recht grob gefügig gemacht. Den Stuten aber bleibt das gefürchtete „Einbrechen" erspart. Sie dürfen zeitlebens Wildpferde bleiben.

Robust und gesund

Und das Leben eines Camargue-Pferdes kann ganz schön lang sein. Viele sind mit über 30 Jahren noch immer reitbar. Das wissen die Hirten und auch einige Reiter, die ein Camargue-Pferd kaufen konnten.

Viele Freizeitreiter haben Freude an den klugen französischen Schimmeln.

Als Freizeitpferd überzeugen die wendigen Franzosen aufgrund ihrer Trittsicherheit, ihres enormen Balancegefühls und ihrer Robustheit. Diese Qualitäten gelten sowohl für den kleinen, kompakten Camargue-Typ als auch für den hochbeinigeren, leichten Typ. Natürlich auch für die Mischtypen, die ebenfalls häufig in den Herden zu finden sind.

Deutsches Reitpony

Sie sind von bestechender Eleganz und ihr energiegeladener Augenausdruck verrät eine hohe Leistungsbereitschaft. Und der erste Eindruck trügt nicht: Deutsche Reitponys überzeugen in vielen Sparten der Sportreiterei. Sie brillieren im Springparcours, überzeugen auf dem Dressurplatz und zeigen auch im Gelände und vor Kutschen ihr Können. Überragende Leistung hat ihren Preis. Deshalb werden für Deutsche Reitponys mitunter hohe Summen bezahlt.

Auf dem Springplatz stellen Deutsche Reitponys Mut und Elan unter Beweis.

In Großbritannien und Irland werden Ponys im Sporttyp schon seit vielen Jahrzehnten für den Turniereinsatz gezüchtet. Doch auch in Deutschand haben Reiter längst ihr Herz für die intelligenten und lernwilligen Pferde im praktischen Format erwärmt. Deutsche Reitponys fehlen auf fast keinem ländlichen Turnier. Viele Sportreiter begannen ihre Karriere als Kinder oder Jugendliche im Sattel eines Deutschen Reitponys.

Die häufig Welsh-Blut führenden Ponys sind hervorragende Lehrmeister. Ihr bisweilen feuriges Temperament, das durch einen hohen Vollblutanteil oder den Einfluss Arabischer Vollblüter verstärkt wird, stellt allerdings gewisse Ansprüche an die reiterlichen Fähigkeiten. Wer mit Deutschen Reitponys umgehen kann, hat aber viel Freude an seinem rittigen, trittsicheren und robusten Freizeitpartner.

Ideal für kleine Reiter

Mit einer Widerristhöhe von 122 bis 148 Zen... ...utsche
Reitp... ...ferde
für Ki... ...nara-
Linien ...lativ
groß i ...chs-
voller ...n
verwu ...oll-
endet... ...s auch
gerne ...en
werde... ...der zu
schwe... ...es auch
einfah ...en.
Oder ...kus-
lektio... ...schnell
und v...

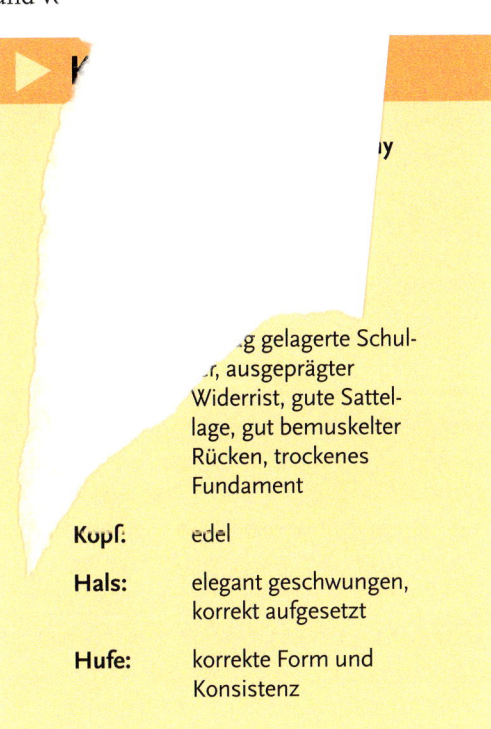

> ... g gelagerte Schul-
> ..., ausgeprägter
> Widerrist, gute Sattel-
> lage, gut bemuskelter
> Rücken, trockenes
> Fundament
>
> **Kopf:** edel
>
> **Hals:** elegant geschwungen, korrekt aufgesetzt
>
> **Hufe:** korrekte Form und Konsistenz

Der Ponyboom

Während in England, der Heimat des Reitponys, vor allem Braune und Füchse beliebt sind, präsentiert sich das Deutsche Reitpony in einer kunterbunten Farbenvielfalt. Schimmel sind besonders oft zu sehen, was auf Vorfahren aus Wales und der Connemara schließen lässt.

Unabhängig von der Farbe schwebt Züchtern Deutscher Reitponys stets der Typ des Riding Ponys vor, der sich in England bewährt hat. Die Anfänge der Riding Pony-Zucht liegen über 100 Jahre zurück.

Der deutsche Sportreiternachwuchs aber musste sich lange Zeit gedulden, bevor auch in der Heimat Goethes und Schillers der Ponyboom zündete. Das war ungefähr Mitte der 70er-Jahre des 20. Jahrhunderts. Die Euphorie ist bis heute ungebrochen.

Ursprüngliche Rassen

Ein Quäntchen Lokalkolorit floss jedoch auch in die Deutsche Reitpony-Zucht: Dülmener Wildpferde, Arenberg-Nordkirchener und Lehmkuhlener Ponys tragen einen

Ambitionierte Kinder und Jugendliche wissen Deutsche Reitponys besonders zu schätzen.

geringen Anteil am deutschen Ponyzuchtgeschehen. Auch die Franzosen verliehen ihrer Reitponyzucht individuelle Züge: Sie kreuzten das Landais Poney mit englischen Rassen und schufen das Französische Reitpony.

Der Trend, sogenannte Native Ponyrassen zur Zucht einzusetzen, kommt übrigens auch aus dem Ursprungsland England. Dort zog man Dartmoor und New Forest Ponys zur Reitponyzucht heran.

Fjordpferd

Die einen nennen sie Fjordpferde, andere sprechen vom Norweger. Gemeint ist ein und dieselbe skandinavische Rasse. Eine dichte, oft zur Stehmähne geschnittene, blond-schwarze Haarpracht ist ein typisches Merkmal des aus dem norwegischen Vestland stammenden Kleinpferdes. Und auch der dunkle Aalstrich, der sich bis zur Schweifrübe zieht, ist unverkennbar. „Fjordis" sind bei Freizeitreitern überaus beliebt. Und vor der Kutsche machen sie sich auch gut.

Fjordpferde sind starke Typen. Sie können enorme Lasten tragen und noch mehr Gewicht ziehen. Dabei sind die robusten Skandinavier ausdauernd und genügsam. Bei ausreichender Versorgung mit Gras, Heu und Stroh können sie auf Kraftfutter fast völlig verzichten. Aufgrund dieser Eigenschaften mussten Fjordpferde in der Vergangenheit aber einiges über sich ergehen lassen: Sie schufteten im Straßenbau, schnauften als Packpferde auf steilen Gebirgspfaden, schleppten Baumstämme und zogen den bäuerlichen Pflug.

Seit ungefähr 30 Jahren erobern die zwischen Pony und Kaltblut stehenden Vierbeiner auch die Herzen der Freizeitreiter. Ihr ausgeglichenes Gemüt macht sie zu guten Anfängerpferden und zuverlässigen Partnern ängstlicher Reiter. Was nicht heißt, dass Fjordings – wie Norweger in ihrer Heimat genannt werden – nicht auch zu Hochtouren auflaufen können. Mit Geduld, Einfühlungsvermögen und entsprechenden reiterlichen Fähigkeiten lassen sich die Nordlichter bis zu schweren Klassen der Dressur ausbilden.

Wetterfest

Wer Norweger-Ponys liebt, ist meistens auch sehr naturverbunden. Und das ist gut so, denn ein Fjordpferd stört sich weder an klirrender Kälte noch an strömendem Regen. Die widerstandsfähigen Freizeitpartner genießen Ausritte bei Wind und Wetter. Als Reiter kann man da nur mit der entsprechenden Kleidung mithalten. Auch Offenställe stehen hoch im Kurs bei den genügsamen Fjordings. Was sie allerdings gar nicht

▶ Nordischer Charme

Name:	**Fjordpferd, Fjording, Norweger-Pony, Vestlandspferd**
Ursprung:	Norwegen
Stockmaß:	Stuten 136–142 cm, Hengste 138–145 cm
Farben:	Braunfalb, Rotfalb, Hellfalb, Gelbfalb, Graufalb, Weiß – alle mit Aalstrich
Körper:	mäßig langes Schulterblatt, oft etwas steil, wenig ausgebildeter Widerrist
Kopf:	kantig, ausdrucksvoll, breite Stirn
Hals:	kurz, kräftig
Hufe:	gut geformt, gute Konsistenz

vertragen, ist eine reine Boxenhaltung in schlecht belüfteter Umgebung. Bei nicht artgerechter Haltung werden selbst die robustesten Vertreter irgendwann krank. Dürfen sie jedoch im Herdenverband leben und rund ums Jahr hinaus ins Freie, gehört der Tierarzt in der Regel zu den seltensten Gästen am Reitstall. Viele Norweger-Ponys erfreuen sich bis ins hohe Alter bester Gesundheit.

Fast immer freundlich

Die kecke Stehmähne ist typisch für Norweger.

Liebhaber der Rasse schätzen das freundliche Wesen der kräftigen Ponys. Und damit verzaubern sowohl die schwereren als auch die edleren Typen ihre Besitzer.

Während sich der kompaktere Norweger-Typ für den Fahrsport eignet, überzeugen die leichteren Typen oft durch einen ausgezeichneten Galopp und Springvermögen. Einen raumgreifenden Schritt, einen fleißigen Trab und eine fantastische Trittsicherheit zeigen beide Typen.

Auch das üppige Schweif- und Mähnenhaar, das sich steif anfühlt, ist allen Fjordings gemein. Geradezu perfekt für den kecken

Borstenschnitt! Der wirkt aufgrund des dunklen Aalstrichs besonders auffällig. Norwegen und Dänemark unterscheiden sich übrigens geschmacklich voneinander – zumindest, was die Mähne der Fjordpferde angeht: Während die Norweger die Mähne eine Handbreit über dem Mähnenkamm abschneiden, damit das Haar von der Seite betrachtet blond wirkt, lassen die Dänen den dunklen Mittelteil herausragen. Der Schopf bleibt von solchen Trends unberührt.

Fjordpferde lassen sich von erfahrenen Reitern weit ausbilden. Auch Lektionen wie den Spanischen Schritt zeigen manche in atemberaubender Manier.

Haflinger

Blonde Schönheiten sind in Italien besonders begehrt. Das beweisen auch die aus Süd-Tirol stammenden Haflinger. Ihre dichte Mähne und der opulente Schweif leuchten hell im Sonnenlicht. Und auch das fuchsfarbene Fell des Haflingers, das es in hellen und dunkleren Varianten gibt, macht die vielseitigen Gebirgspferde unverwechselbar. Früher sah man Haflinger vor allem bei Bergbauern. Inzwischen sind sie zu beliebten Freizeitpferden geworden.

Die blonde Mähne ist ein unverkennbares Merkmal der Rasse.

▶ Grüße aus Tirol

Name:	Haflinger
Ursprung:	Italien
Stockmaß:	138–148 cm
Farben:	Füchse – vom hellen Licht- über den Gold- bis hin zum dunklen Kohlfuchs
Körper:	muskulös, harmonisch, stark bemuskelte Schultern, wenig ausgeprägter Widerrist
Kopf:	klein, trocken, breite Stirn
Hals:	kräftig bemuskelt, schön getragen
Hufe:	gut geformt, hart

Moderne „Hafis" sind keine schweren Pferde mehr. Sie stehen eher im Warmbluttyp, haben aber nichts von ihrem rustikalen Charme verloren. Ihr anständiger Charakter macht sie zu hübschen Allroundern. Reiter aller Altersstufen finden im Haflinger einen ehrlichen und unternehmungslustigen Freund. Stundenlange Wanderritte durchs Gelände bereiten ihm ebenso Freude wie anspruchsvolles Trekking auf schwierigen Strecken.

Trittsicher und ausbalanciert meistern Haflinger jeden Gebirgspfad. Aber auch das Dressurviereck und der Springparcours sind für Haflinger-Reiter interessant. Dort glänzen die vielseitigen Ponys nicht minder, wenn sie zuvor mit Sachverstand ausgebildet wurden. Das Gleiche gilt für den Fahrsport. Immer wieder gibt es Haflinger-Gespanne, die auf internationalem Niveau mitmischen. Manche Haflinger entwickeln im Wettbewerb ein unglaubliches Tempo und sind extrem wendig.

Wanderreiter schätzen den breiten Rücken ihrer ... ...erdenkliche Gelände.

Trauriges Kapitel

Positive Eigenschaften bringen leider nicht immer nur Vorteile mit sich. So ist es vermutlich der Fruchtbarkeit, der Genügsamkeit und dem umgänglichen Wesen des Haflingers zuzuschreiben, dass jährlich Hunderte von ihnen nur zu Schlachtzwecken gezüchtet werden. Das zarte Fleisch der Haflinger-Fohlen ist besonders in Nord- und Süditalien beliebt. Deshalb haben sich in den Hauptzuchtgebieten viele auf dieses einträgliche Geschäft verlegt.

Auch in der Stutenmilchproduktion sind Haflinger ein Thema. Die Milch der Stuten wird zur Herstellung von Kosmetika und Gesundheitsprodukten verwendet.

Starke Zucht

In Italien leben circa 12 000 Haflinger. Aber auch in vielen anderen Ländern gibt es bedeutende Zuchten. Allen voran Deutschland, wo Haflinger mit zu den am weitesten verbreiteten Ponyrassen überhaupt gehören. Ihr Anteil wird auf rund 40 Prozent geschätzt. Aber auch in Österreich und der Schweiz werden Haflinger gesattelt.

Ob Kaiser Ludwig ... solche Entwicklung erahnte, als er seinem Sohn anlässlich der Hochzeit mit der Herzogin von Tirol Pferde aus Burgund schenkte? Diese sollen angeblich direkte Vorfahren des Haflingers gewesen sein – damals im 14. Jahrhundert. Allerdings handelt es sich hierbei um eine oft angezweifelte These, der die Vermutung einer Verwandtschaft mit dem Norischen Pferd gegenübersteht.

Robuste Freizeitpferde

Wie auch immer die Vorgeschichte ausgesehen haben mag, sicher ist, dass Haflinger heute allen Ansprüchen naturverbundener Freizeitreiter genügen. Ihre Haltung gilt als unkompliziert. Offenstallhaltung in der Gruppe kommt den sozialen Haflingern sehr entgegen. Ihre harten Hufe kommen oft ohne Hufeisen aus, außer man hat sich intensivem Fahrsport verschrieben. Selbst eisige Temperaturen lassen Hafis im wahrsten Sinne des Wortes kalt. Nicht umsonst sind sie in vielen Winterurlaubsorten vor Schlitten zu sehen. Und auch beim immer beliebter werdenden Skijöring und rasanten Rennen durch Eis und Schnee sind die Blondschöpfe stets ganz vorne mit dabei.

Miniature Horse

1888 soll das erste Miniature Horse amerikanischen Boden betreten haben. Vermutlich kam es aus Europa, wo winzig kleine Pferdchen Königskindern als Spielgefährten dienten. Vielleicht waren die Vorfahren der Miniature Horses aber auch Grubenponys aus England und Holland. Von dort kamen die Winzlinge, die in amerikanischen Bergminen schufteten. Heute sind Miniature Horses in edlerem Ambiente zu sehen. Sie sind beliebte Schaupferde und Kinderponys.

„Miniature Ponys dürfen nicht höher als ein großer Hund sein", fordert die American Miniature Horse Association. Und das sind sie auch nicht, höchstens deutlich kleiner.

Und obwohl die Winzlinge vermutlich auf die weitaus stämmigeren Shetland Ponys zurückgehen, erinnert ihr Körperbau nicht an den eines Ponys. Wo beim Shetty kurze, kräftige Beinchen stämmig auf harten Hufen stehen, wartet das Miniature Horse mit feingliedrigen Knochen und Gelenken auf. Anstelle des ponytypischen „Dickschädels"

blicken große Augen aus einem höchst edlen Köpfchen. Den kurzen, massiven Ponyhals ersetzt ein stolz getragener, langer Hals. Manche Miniature Horses machen diesbezüglich selbst schwanenhalsigen Vollblutarabern Konkurrenz.

Der gesamte Körperbau erinnert mehr an ein hochgezüchtetes Reitpferd als an ein Pony. Nur im Zwergenmaß eben. Neben dem Shetland Pony sollen Hackney Ponys und Falabellas an der Entstehung der Rasse mitgewirkt haben.

In den USA werden die Miniature Horses gerne als Kinderponys gehalten.

Name:	American Miniature Horse, Amerikanisches Miniaturpferd
Ursprung:	Europa, Hauptzuchtgebiet USA
Stockmaß:	maximal 86 cm
Farben:	alle
Körper:	harmonisch
Kopf:	in guter Proportion zu Halslänge und Körper, breite Stirn
Hals:	lang, schön getragen
Hufe:	rund, kompakt

Ein wunderschönes Pferd – im Miniaturformat

Tausende von Fans weltweit

Innerhalb weniger Jahre ist die Anzahl der American Miniature Horse Association-Mitglieder auf über 12 000 angestiegen. Die Mini-Freunde stammen nicht nur aus den USA, sondern aus über 30 unterschiedlichen Ländern.

Erwachsene können die zauberhaften Vierbeiner natürlich nicht reiten, dafür aber vor die Kutsche spannen. Es gibt professionelle Miniature Horse-Kutschenteams, die an Meisterschaften teilnehmen.

Artgerechte Haltung

Auch wenn die Unterhaltskosten für ein Miniature Horse geringer sind als für ein Großpferd, haben die Kleinen dennoch ihre speziellen Bedürfnisse. Sie brauchen Kontakt zu Artgenossen, die nicht viel größer sind als sie selbst. Miniature Horses können aufgrund der Verletzungsgefahr nicht in einer Großpferdeherde gehalten werden. Sie benötigen regelmäßig einen Hufschmied und müssen – wie alle anderen Pferde auch – regelmäßig geimpft und entwurmt werden. Die kleinen Schönheiten sind kein Hundeersatz und können keinesfalls in der

Wohnung gehalten werden. Wer ihnen so etwas zumutet, betreibt schwerste Tierquälerei.

Die kleinsten Vertreter der Pferdewelt haben exakt dieselben Bedürfnisse wie ihre größeren Artgenossen. In einem Punkt sind sie sogar schwieriger: Sie neigen zu Übergewicht, was innerhalb kurzer Zeit zu Erkrankungen wie Hufrehe führen kann. Deshalb müssen sie sehr kontrolliert ernährt werden.

▶ Keine Dekoration

Und was macht man mit einem winzig kleinen Pferd? Mehr als nur anschauen. Miniature Horses werden in den USA nicht nur auf Schönheitsschauen vorgestellt, sondern auch als Therapiepferdchen für psychisch kranke und körperbehinderte Menschen ausgebildet. Sie bewältigen diese Aufgabe mit Bravour und stehen ihren Menschen in alltäglichen Situationen zur Seite. Auch als Kinderponys – für Reiter bis maximal 30 Kilogramm Gewicht – begeistern Miniature Horses immer mehr Menschen.

Mogod Pony

Mogod Ponys sind eine uralte Rasse. Früher waren sie in vielen Teilen Afrikas zu finden. Heute hat sich ihr Bestand auf ein Minimum reduziert. Rund 200 soll es noch geben. In tunesischen Bergregionen liegt das ursprüngliche Einsatzgebiet der zähen Pferdchen, und dort sind sie auch heute noch vereinzelt anzutreffen. Nomaden, Schäfer und Bergbauern nutzten die Mogod Ponys über Jahrhunderte hinweg, um Lasten über steile Bergpfade zu transportieren.

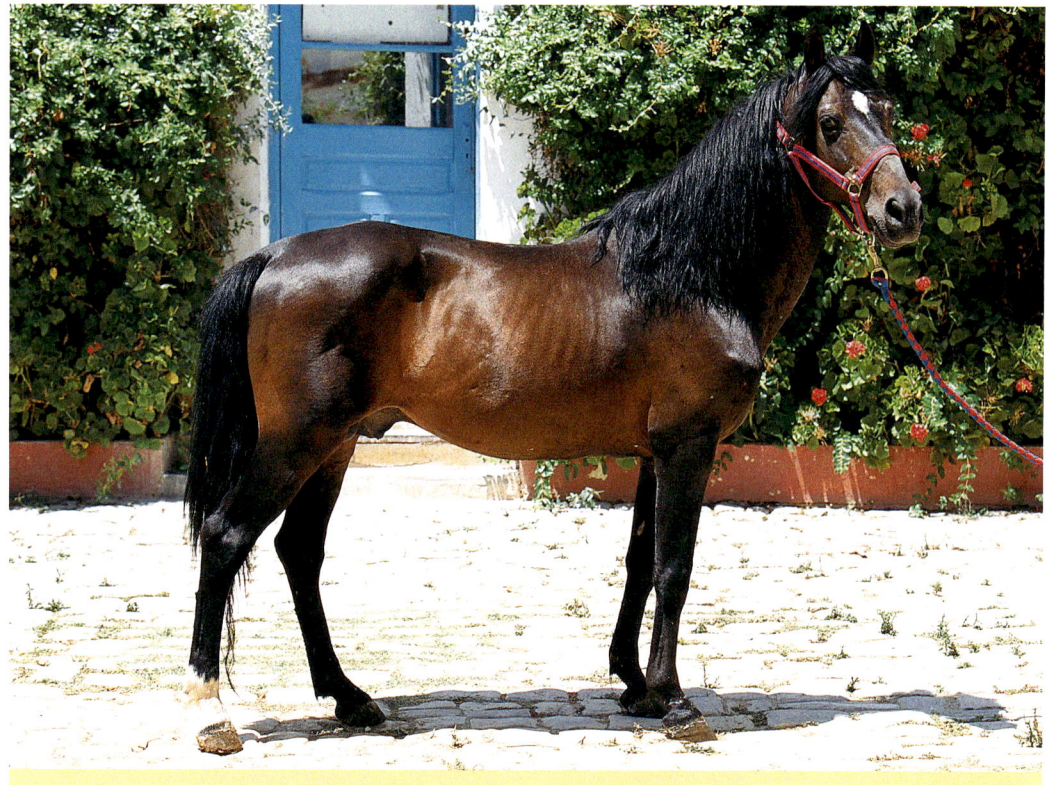

Einer der circa fünf Mogod-Deckhengste, die in tunesischen Staatsgestüten stehen.

Alte Stämme wie die Khmirs, die Mogods und die Nefzis wurden immer wieder von Stämmen aus dem Flachland überfallen. Aus diesem Grund zogen sie sich zurück und lebten gemeinsam mit ihren Ponys in unzugänglichen Bergregionen. Hierdurch isolierte sich die Rasse. Entbehrung und Inzucht schufen ein Pony, dessen Genügsamkeit legendär ist. Hinzu kommen Härte, Kampfgeist und eine schier überschäumende Energie. Die Hufe des Mogod Ponys sind so hart, dass sie keine Hufeisen benötigen. Kein Wunder – schließlich klettern die kleinen Pferde in den Bergen wie Ziegen herum.

Solche Eigenschaften gehörten seit jeher zum Ruf des Mogod Ponys, und deshalb soll sich Hannibal mit seiner numidischen Gefolgschaft auf seinem Feldzug nach Rom auf diese Pferde verlassen haben. Die Numiden hatten übrigens eine ganz besondere Art und ￼ise entwickelt, um die ungestümen Ponys ￼ten. Sie ritten ohne Gebisse und nah-￼ttdessen Halsringe.

￼gramm sind ￼oblem

Gebisslose Zäumungen haben auch heute noch Vorrang bei den Reitern von Mogod Ponys. Auch auf Sättel wird meistens verzichtet; man schwingt sich einfach auf den blanken Rücken des kleinen Pferdes, das auch Cheval Djebali, Cheval Kabyle oder einfach Bergpony genannt wird.

Mogod Ponys haben ein durchschnittliches Stockmaß von 120 bis 140 Zentimetern. Trotz ihrer eher kompakten Größe tragen sie problemlos bis zu 100 Kilogramm Gewicht. Sie sind echte Hochleistungssportler, was die Ausdauer angeht, und bildhübsch dazu.

Und auch ihr Mut scheint so legendär, dass ihm schon viele Literaten huldigten. So zum Beispiel de Selleysel, ein Schriftsteller des 19. Jahrhunderts: „Die kleinen Bergponys sind die besten. Sie verfügen über einen ausgeprägten Mut und viele von ihnen tragen Narben alter Verletzungen, die ihnen Löwen

Zäh, blitzschnell und ausdauernd – Hannibal wusste schon, warum er eine Schwäche für die harten, kleinen Ponys hatte. Heute ist die Rasse vom Aussterben bedroht.

zufügten." Auch wenn die Beschreibungen des Literaten etwas blumig ausfallen, ist eines sicher: An Zähigkeit sind Mogod Ponys wohl kaum zu übertreffen.

Zuchtgeschehen

Die Zuchtgeschichte des Mogod Ponys ist wechselhaft und führte zu der bedrohlichen Situation, dass die gesamte Rasse inzwischen akut vom Aussterben bedroht ist.

Anfang des 20. Jahrhunderts wurden jährlich etwa 500 Ponys nach Italien, Malta, England und Frankreich exportiert. Man schätzte ihr Aussehen und ihre vielseitigen Nutzungsmöglichkeiten. Einige setzten die Mogods auch als Polo-Ponys ein. In der Zeit von 1902 bis zum Beginn des ersten Weltkrieges gab es ein Stutbuch, dessen letzter Eintrag am 9. Mai 1913 erfolgte. Danach verliert sich die Spur der legendären Rasse.

Doch einige Mogods existieren noch: Offiziell gibt es fünf Deckhengste in tunesischen Staatsgestüten. Jährlich fallen etwa 30 Fohlen. Das ist natürlich viel zu wenig, um die Zukunft der Rasse zu sichern. Nur ein gezieltes Zucht-Programm kann die Mogods retten.

▶ Hannibals Lieblinge

Name:	**Mogod Pony, Poney des Mogodes, Cheval Djebali, Cheval Kabyle**
Ursprung:	Afrika
Stockmaß:	120–140 cm
Farben:	überwiegend Braune
Körper:	korrektes, harmonisches Fundament
Kopf:	klein, trocken, ausdrucksstark
Hals:	kurz, kräftig
Hufe:	klein, hart

Polo-Pony

Polo wird immer beliebter. Viele Menschen fühlen sich von dem diffizilen Spiel, das reiterliches Können, Geschick und Technik erfordert, angezogen. Dreiviertel aller Polo-Ponys stammen aus Argentinien. In der ersten Hälfte des 20. Jahrhunderts kam vor allem der Criollo, ein mittelgroßes, zähes Ranchpferd mit einer erstaunlichen Beschleunigungskraft im Polosport zum Einsatz. Seit circa 15 Jahren erfolgten vermehrt Einkreuzungen von Englischen Vollblütern.

Wer Polosport betreibt, hat nicht nur ein Pferd. Aber auch zwei Ponys reichen in der Regel nicht aus. Manche Profis reisen mit fünf bis sieben Pferden an.

Argentinien – die Mutter des Polospiels

Die europäischen Poloturniere (dazu zählen Sotogrande in Spanien, Windsor und Cowdray in England, Chantilly und Deauville in Frankreich) mögen zwar noch so spektakulär sein, aber sie werden laut Profi-Meinung von jedem „Open" in Argentinien weit übertroffen, wo Polo nach wie vor der unbestrittene Nationalsport ist.

Ganze Familien widmen sich dort ausgiebig dem Polo-Fieber und hoffen, dass die alte Tradition auch in den folgenden Generationen weiter bewahrt wird. Allerdings glänzt

Es ist fürwahr ein illustres Publikum, das sich rund um gepflegte Poloplätze versammelt. Champagner-Korken knallen; aus den Lautsprechern dringt lässig beschwingte Musik. Große Hüte ziehen interessierte Blicke auf sich; opulente Kreationen aus Pfauenfedern wiegen sich neben strengen Zylindern im sanften Wind. Das Publikum hat sich schick gemacht, um den besten Polospielern der Welt mit einem Gläschen perlendem Champagner zuzuprosten. Berühmte Schauspieler stehen Seite an Seite mit Fernsehmoderatoren und Wirtschaftsgiganten. „It's Polo-Time" – das lässt sich die High Society nicht zweimal sagen.

▶ Ballkünstler

Name:	**Polo-Pony**
Ursprung:	überwiegend Argentinien
Stockmaß:	156–158 cm
Farben:	alle
Körper:	muskulös, aber nicht zu schwer
Kopf:	keine Vorgaben
Hals:	keine Vorgaben
Hufe:	keine Vorgaben

Argentinien nicht nur mit hervorragendem Pferdematerial, sondern auch mit Weltklasse-Spielern. Allein die legendäre „Heguy-Dynastie" stellt zwei der erfolgreichsten Mannschaften der Welt: die berühmten „Indios Chapaleufù I" und die nicht minder verehrten „Indios Chapaleufù II".

Argentinien ist die Heimat des bereits vor 2500 Jahren erfundenen Mannschaftsspiels, das im 19. Jahrhundert von britischen Kolonialisten wieder neu belebt wurde. Der wahre Ursprung des rasanten Spiels ist auf den Tausende von Hektar messenden Estancias zu suchen, deren reiche, aber bisweilen gelangweilte Besitzer einem Spiel frönten, bei dem Pferde – unentbehrliche Partner der täglichen Arbeit – zum Einsatz kamen.

Heute ist Argentinien in Bezug auf den Polosport das, was Deutschland für den Dressursport ist. Auch wenn es zunehmend zu einer Zerstückelung des Terrains der argentinischen Großgrundbesitzer kommt, bleibt die Pampa auch in Zukunft der prädestinierte Ort für das Polospiel und die Zucht der Polo-Ponys.

Auch in anderen Ländern gibt es verschiedene Polo-Klubs, die regelmäßig Spiele

▶ Wendig und pfeilschnell

Polo-Ponys sind streng genommen keine eigene Rasse, sondern eine Gebrauchskreuzung. Stuten sollen die Eignung zum Spiel und Hengste die Geschwindigkeit vererben. Bevor eine Stute zur Zuchtstute wird, muss sie sich selbst im Spiel bewährt haben. Zur Zucht werden gerne Vollbluttypen herangezogen, die nicht allzu groß sind, dafür aber über eine gute Bemuskelung verfügen und Rennleistung auf kurzen Distanzen zeigen. Polo-Ponys mit einem Stockmaß zwischen 156 und 158 Zentimetern entsprechen dem Zuchtziel. Ihre Qualitäten sind klar definiert: Schnelligkeit, Wendigkeit und Nervenstärke sind gefragt.

veranstalten. Das German Polo Masters auf Sylt gehört mit zu den schönsten Events dieser Art. Dort gibt es garantiert immer packende Spielszenen und blitzschnelles Reaktionsvermögen zu sehen.

Höchste Konzentration und ein blitzschnelles Reaktionsvermögen sind beim Polospiel gefragt. Pferden und Reitern wird viel abverlangt. Schnell zeigt sich, welches Team am besten ist.

Shetland Pony

Mit einer durchschnittlichen Widerristhöhe von nur 99 Zentimetern sind Shetland Ponys der Liebling jedes Kindes. Doch auch Erwachsene können sich dem Charme der drolligen Kerlchen kaum entziehen. Es ist einfach niedlich, wenn ein Shetty mit seinen lebhaften Augen durch die Strähnen seiner dicken Mähne lugt. Doch auch wenn Shetland Ponys aussehen, als wären sie lebende Knuddeltiere, haben sie dieselben Ansprüche wie größere Verwandte.

Saftiges Gras schmeckt vorzüglich, darf aber nicht in rauen Mengen gefressen werden, ansonsten drohen Übergewicht und Hufrehe.

Gelocktes Fell ist bei Shettys eher selten. Dennoch gibt es immer wieder kerngesunde Ponys mit diesem Merkmal.

Shetland Ponys stammen von den baumlosen Shetland-Inseln und sind die kleinsten Vertreter der sogenannten Native Ponys. Zu diesen gehören unter anderem auch die Rassen Dartmoor und New Forest. Der winzige Körper der Shettys täuscht aber, denn eigentlich sind die kleinen Engländer ganz große Pferde. Zumindest, was ihr Selbstbewusstsein und ihre Kraft angeht. Die ist im Verhältnis zur Körpergröße ganz außerordentlich. Shetty-Gespanne können problemlos Kutschen ziehen. Ihre Zug- und Tragkraft ist beachtlich. Hinzu kommen Ausdauer und Genügsamkeit.

Grubenponys

Das ist sicherlich auch der Grund, weshalb Bauern und Fischer die robusten Ponys seit jeher für schwere Arbeiten einsetzen. Auch in Bergbauminen mussten Shettys schuften, nachdem die Kinderarbeit verboten worden war. Diese Entwicklung schadete der Rasse, weil auch bestes Zuchtmaterial in die Gruben kam. Ein Adliger, der Marquess of Londonderry, gründete schließlich 1873 ein Gestüt, um die Rasse zu erhalten. Dieser Beginn der gezielten Zucht gilt als Meilenstein innerhalb der Shetty-Rassegeschichte. Die Grubenponys waren in England auch weiterhin, bis noch vor 70 Jahren, im Einsatz.

Die handliche Größe ist natürlich auch für Eltern verlockend, die ein Einsteigerpferd

Obwohl Shetland Ponys gerne als ideale Einsteiger-Pferdchen für Kinder angesehen werden, sind ihr Eigensinn und ihr Temperament nicht zu unterschätzen.

▶ Kinderliebling

Name:	**Shetland Pony, Shetty, Sheltie**
Ursprung:	Großbritannien
Stockmaß:	maximal 110 cm, Mini-Shetty maximal 87 cm
Farben:	alle
Körper:	günstig gelagerte Schulter, breiter, flacher Widerrist; kurzer, breiter Rücken
Kopf:	trocken, recht nobel, breite Stirn, im Verhältnis zum Körper nicht klein
Hals:	kräftig, breite Basis
Hufe:	klein, hart

für ihre Kinder suchen. Doch diese Entscheidung muss sich nicht unbedingt als weise entpuppen. Shettys sehen zwar niedlich aus, haben es aber faustdick hinter den kleinen Ohren. Viele sind sehr intelligent und erlernen schlechte Angewohnheiten ebenso schnell wie gute. In Pferdegruppen fallen die Zwerge nicht immer durch bestes Benehmen auf. Manche sind eigensinnig und sehr dominant – durchaus auch gegen-

über größeren Artgenossen. Insbesondere Shetty-Hengste gehören nur in erfahrene Hände und sind meistens nicht als Anfängerpferd für kleine Kinder geeignet.

Spätentwickler

Wenn die Haltungsbedingungen stimmen und man mit Shettys umgehen kann, gibt es keine Probleme. Dank ihrer Intelligenz sind sie dazu in der Lage, die tollsten Kunststücke zu erlernen. Deshalb gehören sie auch oft zum festen Bestand von Zirkusfamilien. Und die haben lange etwas von den kleinen Akteuren. Denn diese werden meistens weit über 30 Jahre alt.

Als Spätentwickler sollten Shettys erst im Alter von acht bis neun Jahren volle Leistung bringen müssen. Sie sind dann auch wirklich leistungsbereit, und das bei genügsamen Ansprüchen. Offenstallhaltung mit kontrolliertem Weidegang (Rehegefahr) ist ideal. Raufutter (Heu und Stroh) wird in der Regel besser vertragen als Kraftfutter.

Die eher bescheidenen Ernährungsansprüche resultieren aus den harten Lebensbedingungen in der Heimat des Shetland Ponys. Dort sind die kleinen Herden oft monatelang eisigem Sturmwetter ausgesetzt. Auf dem Speiseplan stehen Strandhafer, Tang und Seegras. Auch angespülte Meerestiere und Fischreste werden verzehrt.

Timor und Sandalwood Pony

Urwüchsige Mongolen Ponys sollen in ihrem Blut Spuren hinterlassen haben, und auch ein edler arabischer Überguss ist nicht zu übersehen. Die indonesischen Ponyrassen Timor und Sandalwood haben eine bewegte Vergangenheit hinter sich. Heute sieht man die robusten Pferdchen vor allem als Kutsch- oder Rennponys, die ein wenig beschauliches Dasein führen. Einige von ihnen werden nach Australien exportiert, wo sie exzellente Kinderreitpferde abgegeben.

Es ist unvorstellbar, dass sich im schwülen Klima Indonesiens Pferde wohlfühlen, und dennoch gibt es dort seit Jahrhunderten verschiedene Rassen. Sie sind klein, genügsam und hart im Nehmen. Und das müssen sie auch sein, ansonsten hätten sie das strapaziöse Klima, portugiesische und holländische Kolonialisten und die Verwendung als Kutschponys nicht überlebt. Knochenhart ist ihr Einsatz: Dieser reicht vom Lastentragen bis hin zu skurrilen Tanzvorführungen. So ging das Sumba Pony bereits als „Tanzendes Pferd" in die Geschichte ein: Einheimische befestigen Glocken an seinen Vorderfußwurzelgelenken und lassen es im Rhythmus einer Trommel „tanzen".

Sandalwood Ponys werden traditionell ohne Zaumzeug geritten und sind die größte indonesische Pferderasse.

Name:	Timor Pony
	Sandalwood Pony
Ursprung:	Indonesien
Stockmaß:	Timor 122 cm,
	Sandalwood 135 cm
Farben:	überwiegend Braune
	und Rotbraune
Körper:	Ponytyp
Kopf:	beim Timor Pony eher
	gewöhnlich, beim
	Sandalwood Pony edel
Hals:	kurz
Hufe:	klein, hart

Timor Pony

Savannen, üppiges Weideland und harte Grassorten prägen die Heimat des Timor Ponys, das wohl vom Mongolen Pony geprägt wurde. Die indonesische Insel Timor war im 16. Jahrhundert eine portugiesische Kolonie. 100 Jahre später kamen die Holländer. Sie alle nutzten die zähen Ponys für viele Arbeiten.

Pferde wurden in vergangenen Jahrhunderten vermutlich von Indien aus nach Timor eingeführt. Timor Ponys, die ein durchschnittliches Stockmaß von 122 Zentimetern erreichen, erweckten sogar das Interesse der Australier. 1803 importierten sie den ersten Timor-Hengst nach Down Under, wo er – neben anderen Rassen wie Welsh Cobs und Hackneys – die Grundlage für die Entstehung des Australian Ponys bildete.

Eine dicke Mähne, ein prächtiger Schweif, feines Fell und ein kurzer Hals gelten als Rassemerkmale. Der Kopf wirkt eher gewöhnlich, wobei es durchaus auch Tiere mit sehr schön geformten Köpfen gibt.

Sandalwood Pony

Weniger stark vom Mongolischen Pony geprägt ist das ausgesprochen hübsche Sandalwood Pony, das von den Inseln Sumba und Sumbawa stammt. Bei ihm lässt sich vielmehr ein arabischer Überguss erahnen, zumal die holländischen Kolonialisten Araber einführten, um die einheimischen Rassen zu veredeln.

Der Name des Sandalwood Ponys geht auf das Hauptexportgut der Inseln, Sandelholz, zurück. Allerdings spielt nicht nur Holz eine wichtige wirtschaftliche Rolle. Auch die Sandalwood Ponys erweisen sich als gutes Geschäft, da viele als Kinderreitponys nach Australien exportiert werden. Auf thailändischen Rennbahnen werden sie ebenfalls eingesetzt. Auch in Indonesien gibt es Rennen, bei denen Sandalwood Ponys ohne Sattel und Gebiss geritten werden.

Sandalwood Ponys sind mit 135 Zentimetern Stockmaß die größte indonesische Rasse. Man schätzt ihre Gängigkeit und die enormen Geschwindigkeiten, die diese kleinen Pferdchen mit den großen Augen, dem seidigen Fell und den harten Gelenken erzielen können.

Noch heute ähneln die Sandalwood Ponys den Pferden, die die holländischen Kolonialisten früher im berühmten Gestüt Radang züchteten. Kenner bezeichnen das Sandelholz Pony als edelste indonesische Ponyrasse.

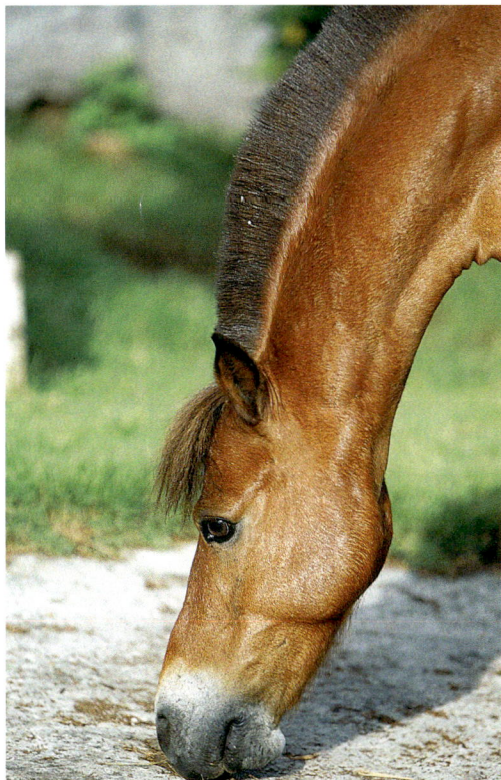

Es gibt nur wenige Pferderassen, die mit dem feucht-schwülen Klima Indonesiens zurechtkommen. Zu ihnen gehört das Sandalwood Pony.

Tinker Pony

Schwarz-weiß oder braun-weiß geschecktes Fell, eine üppige Mähne und ein verschwenderisch dichter Schweif begeistern Freunde des Tinker Ponys. Die freundlichen, im kaltblütigen Ponytyp stehenden Vierbeiner werden bei Freizeitreitern immer beliebter. Auch Anfänger und ängstliche Reiter sehen sich gerne bei dieser Rasse um, weil die arbeitswilligen Ponys als ausgesprochen nervenstark gelten. Nervosität und Unberechenbarkeit sind typischen Tinkern fremd.

„Tinker" war ursprünglich gar keine Bezeichnung für ein Pony, sondern für in Schottland und Irland lebendes, fahrendes Volk. In England und Wales nannte man diese Menschen Potter. Tinker bedeutet ins Deutsche übersetzt „Kesselflicker" und Potter etwa so viel wie „Töpfer". Da sowohl bei den einen als auch bei den anderen besonders oft gescheckte, schwere Pferde vor den Planwagen zu sehen waren, nannte man diese schließlich kurzerhand Tinker Ponys. Heute ist dies die offizielle Rassebezeichnung für die oft bunten Pferde.

Unter den Begriff Tinker fallen auch Irish Cobs und Coloured Irish Cobs. Aber längst nicht alle Tinker sind auch Irish Cobs.

Farbenfroh und nervenstark – so kennt man Tinker Ponys. Die üppigen Gesellen werden bei Freizeitreitern immer beliebter. Sie geben gute Reit- und Fahrpferde ab.

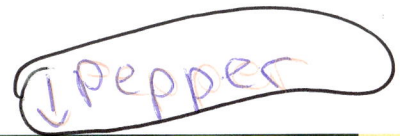
pepper

▶ Nervenstark

Name:	Tinker, Tinker Pony, Irish Tinker, Coloured Irish Cob, Gypsie Cob
Ursprung:	Großbritannien und Irland
Stockmaß:	135–160 cm, Irish Cob 128–170 cm
Farben:	überwiegend Rapp-, Fuchs- und Braun-Schecken, auch drei-farbige Schecken
Körper:	steile Schulter, relativ hoher Widerrist, oft etwas weicher Rücken
Kopf:	schwer, konvexes Profil
Hals:	recht lang, schwer
Hufe:	groß, rund, flach

Tinker mit blauen Augen haben einen großen Lieb-haberkreis.

Planwagen-Pferde

Vermutlich haben Dales und Fell Ponys sowie Shire Horses und Clydesdales an der Entstehung des Tinker Ponys mitgewirkt. Entstanden ist ein kräftiges, genügsames Pony, das schwer arbeiten kann und ein durchweg ruhiges Wesen hat. All das sind natürlich ideale Voraussetzungen für verschiedene Einsatzgebiete. So werden in Irland vielerorts Tinker-Planwagenfahrten durch die malerische Landschaft angeboten. Tinker tragen Touristen über versteckte Pfade zu Burgruinen, und an den Reitställen kann man Unterricht auf absolut scheufreien Schecken nehmen.

Auch Züchter anderer Rassen wissen das freundliche Wesen der Tinker zu schätzen. So werden zum Beispiel auf zahlreichen Gestüten Tinker-Stuten als Ammen für Englische Vollblüter eingesetzt. Sie adoptieren willig fremde Fohlen und ziehen sie liebevoll groß. Auch zur Beruhigung nervöser Rennpferde setzen die Briten Tinker ein. Und nicht zuletzt verpaaren sie sie noch mit anderen Rassen. Viele gescheckte Sportpferde haben neben Englischen Vollblütern auch Tinker in der Abstammung.

Späte Ehren

Dabei wurden Tinker selbst erst spät anerkannt. Die Gründung der Irish Cob Society erfolgte erst 1998. Zu diesem Zeitpunkt wurden Tinker bereits von holländischen und deutschen Zuchtverbänden eingetragen. Im Heimatland interessierte man sich erst für die Rasse, als sie auf dem europäischen Festland in den 90er-Jahren des letzten Jahrhunderts einen regelrechten Boom erlebte. Deutsche Tinker-Züchter, die einem der Deutschen Reiterlichen Vereinigung (FN) angeschlossenem Verband angehören, gehen nach einem einheitlichen Rassestandard vor.

▶ Reise-Tipp

Wer die bunte Rasse einmal im ursprünglichen Ambiente erleben möchte, reist am besten zu einem Tinker-Markt. Die berühmtesten gibt es schon seit über 350 Jahren: zum Beispiel den Tinker-Markt in Appleby, England, oder den im irischen Ballinasloe. Dort versammeln sich Freunde und Züchter der robusten Schönheiten.

Welsh Pony

Welsh Ponys gehören zu den beliebtesten Pferderassen Großbritanniens. Robustheit und Bodenständigkeit zeichnen sie aus. Die knackigen Power-Pakete werden in vier Sektionen unterteilt: Sektion A „Welsh Mountain Pony", Sektion B „Welsh Pony, Riding oder Show Typ", Sektion C „Welsh Pony, Cob Typ" und Sektion D „Welsh Cob". Im Gestütbuch werden außerdem Welsh Partbreds geführt, in deren Adern mindestens 25 Prozent walisischen Blutes fließen müssen.

▶ Power-Pakete

Name: Sektion A – Welsh Mountain Pony;
Sektion B – Welsh Pony;
Sektion C – Welsh Pony im Cob Typ;
Sektion D – Welsh Cob

Ursprung: Großbritannien

Stockmaß: Sektion A bis 122 cm;
Sektion B bis 135 cm;
Sektion C bis 137 cm;
Sektion D ab 137 cm, meist 144 – 155 cm

Farben: in Sektion A, B und C viele Schimmel, aber auch andere (außer Schecken); in Sektion D überwiegend Dunkelbraune, Rappen, Braune, Füchse und Dunkelfüchse

Körper: Sektion A – gut bemuskelt, breite Brust, lange schräge Schulter
Sektion B – edel, elegant, kurzer Rücken, kräftige Lendenpartie, muskulöse Kruppe, lange, schräge Schulter;
Sektion C – wie D, nur alles kleiner;
Sektion D – tiefe, breite Brust, lange bemuskelte Schulter, starker Rücken

Kopf: Sektion A und B – arabisch geprägt;
Sektion C und D – klein, nobel, orientalischer Ausdruck

Hals: Sektion A und B – gut aufgesetzt;
Sektion C und D – lang, kräftig

Hufe: Sektion A und B – klein, hart;
Sektion C und D – groß, rund

Welsh Ponys vereinen Adel und Bodenständigkeit auf faszinierende Weise.

Das naturbelassene britische Fürstentum Wales ist die Heimat der widerstandsfähigen und ausgesprochen leichtfuttrigen Welsh Ponys. Seit 1901 werden sie von der „Welsh Pony und Cob Society" betreut, die sich in Aberystwyth in Nord-Wales befindet.

Aufgrund ihrer überragenden körperlichen und charakterlichen Eigenschaften erfreuen sich Welsh Ponys nicht nur in Großbritannien größter Beliebtheit. Alle vier Sektionen sind in Europa und auf den meisten anderen Kontinenten verbreitet und sowohl als Kinderreitponys als auch als Spring-, Dressur-, Fahr- und Freizeitpferde bekannt.

Keltenponys

Die Kelten sollen es gewesen sein, die den ersten gezielten züchterischen Einfluss auf die Welsh Pony-Zucht nahmen. Auch Julius Caesar war von den Welsh Ponys hellauf begeistert. Er lobte die Sensibilität der robusten Keltenponys und staunte über ihre hervorragenden Fähigkeiten vor dem Streitwagen. Im Mittelalter blieb die Bewunderung für die Rasse und auch der vielfältige Einsatz der walisischen Ponys ungebrochen.

Höhen und Tiefen

Die Welsh Pony-Zucht erlebte aber nicht nur rosige Zeiten. Nachdem schon Heinrich VIII. zur Tötung aller kleinwüchsigen Ponys aufgerufen hatte, um ausschließlich große Pferde für die Kreuzzüge zu züchten, erlitten die Welsh-Bestände weitere Verfolgungen, harte Hungerzeiten, fehlerhafte Verpaarungen und züchterische Vernachlässigungen.

Es grenzt schier an ein Wunder, dass die harten Kerle ihren Adel und ihr einmaliges Temperament trotz all dieser Widrigkeiten über die Jahrhunderte hinweg bewahren konnten. Ein halbwildes Dasein, harte Lebensbedingungen und wenig menschlicher Kontakt waren also die Voraussetzungen der Welsh Pony-Zucht. Die Züchter schickten allenfalls von Zeit zu Zeit ausgewählte Hengste in die Herden, um das Zuchtpotenzial zu verbessern; allerdings kam die Auslese minderwertiger Hengste gleichzeitig zu kurz.

Die schwierigen Zeiten scheinen überwunden. Heute präsentiert sich die Welsh-Zucht als Fundus für Reiter, die kernige Ponys mit vielseitigen Qualitäten schätzen. Klein, mittel, groß – bei den walisischen Flitzern ist für jeden etwas dabei.

Ein feuriges Temperament und eine enorme Leistungsbereitschaft machen Welsh Ponys zu idealen Partnern für anspruchsvolle Reiter.

Warmblüter

Deutsches Warmblut

Die Deutsche Warmblutzucht ist weltberühmt. Wann immer es um Top-Leistungen im Dressur- und Springsport geht, sind deutsche Pferde ganz vorne mit dabei. Auch in der Vielseitigkeit und anderen Disziplinen glänzt die deutsche Zuchtelite. Neuerdings entdecken Freizeitreiter die Qualitäten von Hannoveraner & Co. Die talentierten Hochleistungspferde beginnen, mancher Spezialrasse in puncto Beliebtheit den Rang abzulaufen.

Hannoveraner

Edel, korrekt und großrahmig kommt der Hannoveraner daher. Zu seiner Veredelung trugen Englische Vollblüter und Trakehner bei. Markant sind seine schwungvollen, raumgreifenden Bewegungen. Der Hannoveraner gilt als rittig und bietet sich für die unterschiedlichsten Sparten der Reiterei an. Viele Reiter sind von dem edlen Warmblut überzeugt, denn die meisten Reit- und Sportpferde stammen tatsächlich aus der Hannoveraner-Zucht. Und das weltweit.

Hengste wie der Celler Landbeschäler Weltmeyer (v. World Cup-Absatz) gelten als Idealtyp des Hannoveraners. Berühmte Dressurreiter wie zum Beispiel Isabell Werth schwören auf die gangstarke Rasse. Sie erritt mit ihrem Hannoveraner Gigolo mehrfach olympisches Gold. Er gilt als eines der erfolgreichsten Dressurpferde überhaupt.

Das Herz der Hannoveraner-Zucht schlägt im Landgestüt Celle, das auf eine 250-jährige Tradition zurückblickt. Früher lag die Hannoveraner-Zucht lange Zeit überwiegend in bäuerlicher Hand. Auch heute noch haben sich viele Privatzüchter der erfolgreichen Rasse verschrieben.

Hannoveraner sind Deutschlands Exportschlager Nummer eins – zumindest, wenn es um Pferderassen geht.

▶ Modernes Sportpferd

Name:	Hannoveraner
Ursprung:	Deutschland
Stockmaß:	um 165 cm
Farben:	Braune, Rappen, Füchse und Schimmel
Körper:	modernes Sportpferd im Rechteckformat, unterschiedliche Typausprägung
Kopf:	fein und ausdrucksvoll
Hals:	lang und schlank
Hufe:	klein bis mittelgroß, hohe Trachten

Der berühmte Dressurreiter Günter Seidel setzt auf den Westfalen Nikolaus.

Westfale

Auf den ersten Blick mögen Westfalen den Hannoveranern recht ähnlich sehen, aber sie sind meistens etwas gröber gebaut. Das liegt an dem geringeren Vollbluteinfluss innerhalb der Zucht. Dennoch gilt die zahlenmäßig zweitstärkste Rasse nach dem Hannoveraner ebenfalls als hervorragendes Sportpferd. Das freundliche Wesen und die Menschenbezogenheit der Westfalen werden auch von vielen Freizeitreitern geschätzt. In Polizeireiterstaffeln sieht man die nervenstarken Warmblüter ebenfalls häufig

Das Zentrum der Westfalen-Zucht ist Warendorf, wo 1826 das Landgestüt gegründet wurde. Nachdem sich die Zucht bis zum Zweiten Weltkrieg auf schwere Kaliber fokussierte, strebte man später einen leichteren Reitpferdetyp an. Hannoveraner, Holsteiner, Trakehner, Selle Français und Anglo-Araber halfen bei der Umsetzung dieses Ziels.

Oldenburger

Ebenfalls sehr erfolgreich auf dem internationalen Turnierparkett ist der Oldenburger. Seine Zuchtanfänge gehen auf das 17. Jahrhundert zurück. Leichte, raumgreifende und taktmäßige Gangarten sind ebenso charakteristisch für das kräftige Sportpferd wie ein

Oldenburger haben sich längst vom schweren Typ hin zum eleganten Reitpferd entwickelt.

gutmütiges, vernünftiges Wesen. Vollblüter, Hannoveraner und Holsteiner veredelten im 20. Jahrhundert die im Zugpferdetyp stehende Rasse zum Reitpferd.

Oldenburger glänzen im Dressurviereck und auch bei anspruchsvollen Springen.

Brandenburger

Zwischen Hannoveraner und Ostpreuße steht der moderne Brandenburger. Er gilt als hartes, edles Reitpferd, das leichter ausfällt als der Mecklenburger. Die ostdeutschen Pferdezuchtverbände Berlin-Brandenburg, Sachsen, Sachsen-Anhalt und Thüringen haben sich 2003 zusammengeschlossen und führen nun unter der Rassebezeichnung „Deutsches Sportpferd" ein gemeinsames Zuchtprogramm für Reitpferde durch.

Brandenburger sind zurzeit seltener im Pferdesport zu sehen als andere Warmblutrassen, aber das könnte sich ändern.

▶ Frohnatur

Name:	**Rheinländer, Rheinisches Warmblut**
Ursprung:	Deutschland
Stockmaß:	160–180 cm
Farben:	alle Grundfarben
Körper:	langer, gut markierter Widerrist, starker Rücken, gut gelagerte Schulter
Kopf:	edel
Hals:	lang, gut aufgesetzt
Hufe:	gute Qualität

▶ Ausgeglichen

Name:	**Brandenburger, Deutsches Sportpferd**
Ursprung:	Deutschland
Stockmaß:	162–170 cm
Farben:	überwiegend Braune, Füchse und Rappen, aber auch Schimmel
Körper:	gut gelagerte Schulter, kräftige Kruppe
Kopf:	ausdrucksvoll
Hals:	gute Halsung
Hufe:	nicht sehr groß, fest

Das Deutsche Sportpferd nimmt keinen festen Platz innerhalb des Spitzensports ein, dennoch gibt es hervorragende Rassevertreter. Zum Beispiel die Stute Poetin I. Die im Landgestüt Neustadt/Dosse gezogene Dressur-Begabung wurde für 2,5 Millionen Euro versteigert. Auch die Hengste Samba Hit und Samba Hit II gelten als Ausnahmepferde.

Rheinländer

Aus dem Bundesland Nordrhein-Westfalen kommt das Rheinische Warmblut.

Pferde haben die Rheinländer schon zurzeit der alten Römer gezüchtet. Der gute Ruf dieser Tiere drang bis nach Gallien und auch Karl der Große soll später von dieser rheinischen Zucht begeistert gewesen sein.

Nachdem sich das Zuchtgeschehen erst vermehrt auf Kaltblüter konzentrierte, entstand nach dem Zweiten Weltkrieg mit Unterstützung von Westfalen, Trakehnern, Hannoveranern und Ostpreußen eine gut florierende Warmblutzucht.

Das erklärte Zuchtziel ist nun ein edles, rahmiges, korrekt gebautes Reitpferd mit schwungvollen Gängen. Das ausgeglichene Temperament vereint sich mit Rittigkeit. Beste Voraussetzungen, um in den verschiedenen Sparten der Reiterei zu glänzen. Hierdurch erklärt sich auch die ständig steigende Anzahl der Land- und Privatbeschäler wie auch der Zuchtstuten und Turnierpferde.

Die Rasse wird vom Rheinischen Pferdestammbuch vertreten, das seit 1892 existiert und heute in Schloss Wickrath, Mönchengladbach, untergebracht ist.

Württemberger

Genau wie der Rheinländer steht auch der Württemberger im Typ des Deutschen Reitpferdes. Mit einem durchschnittlichen Stockmaß von 163 Zentimetern gehören die vielseitig veranlagten Württemberger zu den kleineren deutschen Warmblütern. Sie werden überwiegend im Haupt- und Landgestüt Marbach gezüchtet.

Mit dem schweren Alt-Württemberger, der noch vor 50 Jahren gezüchtet wurde, hat der moderne Württemberger nicht mehr viel zu tun. Er überzeugt nun vielmehr im sportlichen Format.

Trakehner

Wenn es um die edelsten deutschen Pferderassen geht, sind Trakehner ganz vorne mit dabei. Sie sind hochnobel und elegant, leicht und stehen nicht selten im Anglo-Araber-Typ.

Trakehner machten unter anderem als Kavalleriepferde Karriere, und das nicht nur in Deutschland. Zähigkeit, Härte, Ausdauer und ein enormes Bewegungsvermögen zeichnen diese lebhafte Rasse aus. Ihr eher sensibles Wesen erfordert einen erfahrenen Reiter. Bei einfühlsamer und kompetenter

Behandlung sind Trakehner bereit, Spitzenleistungen zu bringen. In der Vielseitigkeit und Dressur sind sie stark, aber auch als Jagd- und Distanzpferd beliebt. Im Weltklasse-Springsport sieht man sie eher selten.

Der Ursprung der für viele Zuchten einflussreichen Rasse ist beim Deutschen Ritterorden zu suchen, der einst in Ostpreußen ansässig war. Das preußische Militär wurde bis 1913 vom Hauptgestüt Trakehnen mit Pferden versorgt. Als Ostpreußen im Zweiten Weltkrieg zusammenbrach, waren 27 000 Zuchtstuten und 750 Hengste eingetragen. Nur 800 Stuten und 40 Hengste überlebten die dramatische Flucht durch das vereiste Haveler Watt. Sie sorgten später für den Fortbestand der Rasse.

Der 1905 geborene Hauptbeschäler Tempelhüter (v. Perfektionist xx – Jenissei) ist einer der berühmtesten Trakehner.

▶ Sportliches Format

Name:	Württemberger, Baden-Württemberger
Ursprung:	Deutschland
Stockmaß:	160–175 cm
Farben:	Füchse, Braune, Rappen, Schimmel
Körper:	deutlich ausgeprägter Widerrist, schräge Schulter, gut bemuskelte Kruppe
Kopf:	manchmal unedel
Hals:	gut geformt
Hufe:	gute Qualität

▶ Anspruchsvoll

Name:	Trakehner, Ostpreuße Trakehner Abstammung
Ursprung:	Deutschland
Stockmaß:	160–170 cm
Farben:	alle – manchmal sogar Schecken
Körper:	lange schräge Schulter, kräftiger Rücken, schräge Kruppe
Kopf:	plastisch modelliert, hochedel, ausdrucksvoll
Hals:	gut aufgesetzt
Hufe:	klein, hart, leicht eng, oft hohe Trachten

Trakehner machen in vielen Disziplinen eine gute Figur.

Hunter

„Ein guter Hunter ist in meiner Vorstellung ganz einfach ein Pferd, das mich sicher querfeldein trägt, wenn ich der Meute folge. Man kann keine festen Regeln hinsichtlich des Pferdetyps aufstellen, der diesen Anforderungen entspricht", schrieb der passionierte Jagdreiter Michael Clayton vor etwa 25 Jahren und brachte damit die Anforderungen, die Reiter an einen Hunter stellen, auf den Punkt. Trittsicherheit, Leistungswille und Kondition sind wichtig.

▶ Königliche Verehrer

Hunter sind keine offizielle Rasse, sondern eine Gebrauchszucht, deren Wurzeln im Mittelalter liegen. König Heinrich VIII. (1491–1547) und König Friedrich der Große (18. Jahrhundert) ließen sich gerne in den Sätteln solcher Pferde nieder. Die Jagdreiterei erreichte in der zweiten Hälfte des 18. Jahrhunderts ihre Blüte. Sie fasziniert bis heute.

Auf den Britischen Inseln sind Hunter besonders verbreitet und vor allem bei Jagdreitern beliebt. Auch in Irland gibt es Hunter. Sie gelten als Spezialisten, wenn die Strecke voller Gräben, Wälle, Hecken und Steinmauern ist.

Irish Hunter springen gerne und auch technisch ausgefeilt. Schwieriges Gelände bewältigen sie absolut routiniert.

Bei Englischen Huntern ist weniger die Technik als vielmehr Geschwindigkeit gefragt. Dieses Zuchtziel wird durch einen höheren Vollblutanteil erzielt.

Welcher Hunter-Typ besser ist, lässt sich sicherlich nicht so einfach festlegen. Es kommt eben ganz darauf an, in welchem Gelände sich das Pferd beweisen muss. Wer gerne Jagden mit schweren Hindernissen reitet, ist mit einem Iren sicher gut beraten.

Leistung zählt

Während in den Jagdfeldern ein recht uneinheitliches Bild zu sehen ist, zeigen Show Hunter durchaus einen bestimmten Typ. Sie sind großrahmig, haben eine beachtliche Größe und wirken edel.

Auf der Schau zählen vor allem optische Aspekte – bei der Jagd nur die Leistung. Da ist es egal, ob ein Pferd größer oder kleiner ist, ob sein Kopf gerade oder ramsnasig ist oder ob Mähne und Schweif üppig bestückt sind. Deshalb sind bei sogenannten Working Hunters vor allem Ausdauer, Tragkraft, Trittsicherheit, Härte und Energie gefragt. Und all das hat ein guter Irish Hunter ohne Frage.

Abstammung? Nebensache!

Ursprünglich entstanden Hunter aus Kreuzungen von Vollbluthengsten mit Stuten verschiedener Rassen, die keine Vollblüter waren. Viele der nicht zu den Vollblütern zählenden Blutlinien stammten aus Irland. Die Draught-Zucht scheint hier eine bedeutende Rolle gespielt zu haben.

In England wirkten die Rassen Cleveland Bay und Yorkshire Coach Horse (inzwischen ausgestorben) an der Entstehung der Hunter mit. Manchmal wurden auch Shire und Clydesdale Horses, Highland Ponys und Welsh Cobs eingekreuzt.

Irland galt bis zum Zweiten Weltkrieg als wahres Paradies für Hunter-Freunde. Doch dann stiegen die Landwirte vermehrt auf Traktoren und andere motorisierte landwirtschaftliche Geräte um, was einen massiven Einbruch der Irish Draught-Zucht nach sich zog. Diese war aber ein wichtiges Standbein der Hunter-Szene.

Zum Glück erkannte die irische Regierung diese Gefahr rechtzeitig und konnte die Zucht stabilisieren. Dies war ein wichtiger Schritt für den Fortbestand des klassischen Irish Hunters.

Und es gibt noch eine aktuelle Zuchtentwicklung, an der wiederum Irish Hunter maßgeblich beteiligt sind: das Irish Sport Horse. Bei ihm fließt das Leistungspotenzial sowohl des Irish Draughts als auch des Vollbluts mit ein. Angestrebt wird beim Irish Sport Horse ein großrahmiger und athletischer Springpferdetyp.

Das soll der Rasse neue Möglichkeiten eröffnen. Geht das Konzept auf, wird die Sportvariante des guten alten Irish Hunters zukünftig öfter auf dem internationalen Turnierparkett zu sehen sein. Allerdings weniger im Dressurviereck als in anspruchsvollen Springen.

▶ Sicher querfeldein

Name:	Hunter
Ursprung:	Irland, Britische Inseln
Stockmaß:	meistens über 165 cm
Farben:	alle Grundfarben
Körper:	schräg gelagerte Schulter, ausgeprägter Widerrist, gute Sattellage
Kopf:	nicht immer edel, zu den Proportionen passend
Hals:	geschwungen, gut aufgesetzt, mittellang
Hufe:	groß, rund, manchmal etwas flach

Im raumgreifenden Galopp geht es durchs Gelände. Auch mit schwierigem Boden kommen Hunter zurecht.

Kisbéri

Feurig-scharfe Gulaschsuppe, reitende Rinderhirten und die flache Puszta sind längst nicht alles, was Ungarn zu bieten hat. Wer die reizvollen Schlösser der k.u.k.-Monarchie, eine traumhaft schöne Landschaft und ungarische Gastfreundschaft besonders intensiv erleben möchte, sollte sich einmal in den Sattel eines temperamentvollen Kisbéri-Halbblutes schwingen. Die Offizierspferde von einst haben nichts von ihrem Charme und ihrer Leistungsfähigkeit verloren.

In Ungarn leben Kisbéri meistens auf großen Flächen im Herdenverband.

Kisbéri, die dem Vollblut nahe stehenden Halbbluttypen, vereinen Adel und Schönheit. Kein Wunder, dass sie in der Vergangenheit zu den begehrtesten Offizierspferden gehörten. Auch als luxuriöses Reit- und Kutschpferd machten die gängigen und ausgesprochen harten Halbblüter Furore.

Inzwischen züchtet man Kisbéri kalibriger und noch etwas größer als zu Zeiten der k.u.k.-Monarchie. Die Rasse bewährt sich in den unterschiedlichsten Disziplinen. Besonders begehrt ist sie unter Jagd-, Vielseitigkeits- und Distanzreitern. Das „elektrische" Temperament der Kisbéri ist unter sattelfesten Kennern sehr gefragt.

▶ Eine kleine Zucht

Heute wird die Rasse nicht mehr im Ursprungsgestüt Kisbér gezüchtet. Dieses ist längst aufgelöst; seit 1989 ist das zum Staatsgut Balatonfenyves gehörende Gestüt Pusztabéreny am Plattensee für die Zucht zuständig. Auch auf dem Gestüt Kadkert befindet sich noch ein kleiner Bestand an Kisbéri-Pferden. Außerdem gibt es einige Privatzüchter, die sich um den Erhalt der Rasse kümmern.

Zuchtbeginn

Zurück zum abenteuerlichen Ursprung der Rasse: Das ungarische Gestüt Kisbér, das unweit vom noch heute weltberühmten Gestüt Bábolna lag, befand sich einst im Besitz des Grafen Lajos Batthyány. Wäre er nicht in die Wirren der ungarischen Revolution verstrickt gewesen, hätte sich die Beschlagnahmung seines Besitzes vermutlich verhindern lassen. Der Revolutionsheld floh nicht, als es brenzlig wurde, und bezahlte das mit seinem Leben. Sein Gestüt Kisbér, dem die schönen ungarischen Halbblüter ihren Namen verdanken, wurde 1853 vom Staat konfisziert.

Nach Jahren der Revolution ruhte die Zucht auf dem Gestüt. Die Pferde waren in alle Winde zerstreut. Mit der Errichtung eines neuen Staatsgestütes war es nicht getan. Das Ziel war klar definiert: Hochedel sollte die Zucht sein. Doch solche Pferde waren Mangelware im postrevolutionären Ungarn. Tiere aus dem Ausland einkaufen? Dafür gab es kein Geld. Dennoch wurde die Zucht aufgebaut und ihre Anfänge verliefen dementsprechend bunt. Aber das konnte der Rasse keinen Schaden zufügen, geschweige denn ihr Revival aufhalten.

Die Vollendung

Zur Jahrhundertwende war es vollbracht. Die Bezeichnung Kisbérer Halbblut stand für ein edles, formschönes Pferd im englischen Halbbluttyp, das Größe und Leistung vereint. Exzellente Junghengste gingen in die Hengstdepots der Doppelmonarchie; die Zuchtstuten blieben im Gestüt. Alles, was man nicht gebrauchen konnte, wurde versteigert. Kavallerieoffiziere und Freunde edler Reit- und Kutschpferde deckten sich bei diesen Auktionen ein. Kisbéri galten als ideale Pferde für Reiter, die ihren Tieren höchste Ansprüche abverlangen.

Tragischerweise erreichte die Kisbérer-Zucht zu einer Zeit ihren Höhepunkt, in der ihre Leistungsfähigkeit nicht mehr gefragt war: Der Erste Weltkrieg brach aus. Die k.u.k.-Monarchie zerbrach. Die Nachfrage an Remontepferden sank.

▶ Husarenpferde

Name:	Kisbéri
Ursprung:	Ungarn
Stockmaß:	circa 160-165 cm
Farben:	überwiegend Braune und Füchse, Rappen und Schimmel sind selten
Körper:	eine ausgezeichnete Sattellage, die sich aus der markanten Schulter-Widerrist-Partie ergibt
Kopf:	edel, trocken, gerades Profil
Hals:	schön geschwungen, manchmal aber auch gerade
Hufe:	gute Qualität

Von dieser nachteiligen Entwicklung hat sich der Zuchtbestand bis heute nicht wieder erholt. Zum Glück gibt es aber einige sehr engagierte Züchter, die ihre Pferde auch international vor allem in der Vielseitigkeit präsentieren. Vielleicht lässt sich auf diese Weise ein neuer Liebhaberkreis aufbauen.

Vielversprechender Nachwuchs für den Vielseitigkeitssport

Iberische Rassen

Altér Real

Die Alentejo-Provinz gehört zu den heißesten und den trockensten Regionen Portugals. Sie ist die Heimat des Altér Real-Pferdes, das auf dem berühmten Alter-do-Chão-Gestüt gezüchtet wird. Die schicken Portugiesen sind nicht mit dem Lusitano gleichzustellen. Sie repräsentieren einen eigenen, speziell durchgezüchteten Schlag, der auf einer reinen Gestütszucht basiert. Es gibt zwar nicht viele Altér Real-Pferde, aber eine hochwertige Zucht.

Die traditions-reichen Gebäude des portugiesi-schen Alter-do-Chão-Gestüts

Man sagt den Altér Real-Pferden eine außerordentliche Intelligenz, Sensibilität und auch eine gewisse Eigenwilligkeit nach, die sie bei falscher Behandlung zu problematischen Pferden machen kann. Große, ausdrucksvolle Augen, ein kleiner trockener Kopf und ein leichtes Ramsprofil gelten als rassetypische Merkmale. Ein herrlich geschwungener Hals mit einem ausgesprochen leichten Genick schafft die besten Voraussetzungen für eine natürliche Beizäumung.

Es ist ein Vergnügen, die athletisch und doch elegant wirkenden Pferde mit ausbalancierten Bewegungen und einer spektakulären Knieaktion über den Sandplatz „fliegen" zu sehen. Stolz und Extravaganz strahlt diese Rasse aus. Alles an ihnen ist prädestiniert für die Hohe Schule und auch als Stierkampfpferd genießt der Altér Real einen ganz hervorragenden Ruf. Das ist übrigens schon seit langer Zeit so.

Hohe Reitkunst

Vor über 250 Jahren erfolgte in Vila de Portel die Grundsteinlegung des ehemaligen Hofgestüts, das 1756 nach Altér do Chão verlegt wurde und heute portugiesisches Nationalgestüt ist. 1748 konnte endlich realisiert werden, wofür sich König João IV. und der Staat im 18. Jahrhundert eingesetzt hatten.

▶ Legendär

Name:	Altér Real
Ursprung:	Portugal
Stockmaß:	circa 152–163 cm
Farben:	überwiegend Braune
Körper:	quadratisch, breit, beträchtliche Gurttiefe
Kopf:	klein, trocken, große ausdrucksvolle Augen
Hals:	gut aufgesetzt, schön geschwungen
Hufe:	exzellente Hornsubstanz

Strenge Zuchtvorschriften

Es folgten nicht nur Triumphe, sondern auch Tiefschläge. Die rauschende Blütezeit endete mit der Besetzung durch den französischen Kaiser Napoléon Bonaparte (1807) und auch die Besetzung durch die Briten (1808 bis 1814) fügte dem Gestüt großen Schaden zu. Die Franzosen beschlagnahmten die wertvollsten Pferde und beraubten dadurch den Lissabonner Hof seiner kostbaren Zucht. Man versuchte, die Verluste durch die Einkreuzung von Arabern, Vollblütern und anderen Rassen auszugleichen, aber es gelang nicht, die Qualität des alten Altér Real-Pferdes wiederzuerlangen. Dennoch hat die Rasse viele neue Liebhaber, vor allem im Bereich der klassisch-barocken Reitkunst.

Altér-Real-Pferde gelten als hochbegabt, aber manchmal schwierig im Umgang.

Damals trug das Gestüt den Namen „Coutada do Arneiro" und avancierte zur offiziellen Zuchtstätte des Altér Real-Pferdes. Als Grundlage der Zucht dienten 50 handverlesene Andalusier-Stuten aus dem renommierten Gebiet um Jerez de la Frontera.

Dem Gestüt oblag die Aufgabe, den Lissabonner Hof mit exzellenten Reit- und Fahrpferden zu versorgen. Dort benötigte man durchschnittlich einen Bestand von 150 Pferden. Im Jahre 1770 wurde die „Coutada do Arneiro" dem königlichen Marstallamt unterstellt. Eine Epoche voller züchterischer Erfolge begann. Der Name des Hofgestüts stand für edelstes Blut und Pferde mit den besten Anlagen für die hohe Kunst der Reiterei.

▶ Hohe Schule

Den traditionellen Prinzipien ist man bis heute treu geblieben: Für die Zucht werden in Altér do Chão ausschließlich Hengste zugelassen, die ihre Qualitäten unter den prüfenden Augen der „Escola Portuguesa de Arte Equestre" unter Beweis stellen konnten. Rittigkeit und die Veranlagung zur Hohen Schule sind die wichtigsten Kriterien und machen den Weltruf dieses Pferdebestands aus. Auf dem Stammgestüt der Rasse finden jährlich Versteigerungen statt.

Andalusier

Sie verkörpern das perfekte Barockpferd und erfreuen sich ständig wachsender Beliebtheit: Andalusier, deren offizielle Bezeichnung Pura Raza Española lautet, vereinen feuriges Temperament und Sanftheit. Die Veranlagung für Lektionen der Hohen Schule wird den spanischen Schönheiten in die Wiege gelegt. Piaffe, Passage, Pirouette und die Schule über der Erde liegen ihnen einfach im Blut. Aber auch als Freizeitpferd machen sich Andalusier gut.

Wie die Andalusier zu ihrem Namen kamen, ist interessant. Fast jeder denkt, das habe mit der spanischen Provinz zu tun, dabei kam dieser Zusammenhang erst viel später. Der Ursprung des Namens ist im 8. Jahrhundert zu suchen – als die Sarazenen einfielen. Sie nannten die Iberische Halbinsel „Al Andalus" und meinten damit Vandalus, Vandalenland. Später bezeichnete man mit Andalusien tatsächlich eine bestimmte Region, in der sich mehrere Klöster im 16. Jahrhundert auf die Zucht hochedler Pferde spezialisierten. Man strebte nach einem vollkommenen Ross – zu Ehren Gottes und um die spanische Kavallerie auszurüsten. Dies war auch die Zeit, in der Andalusier die Entstehung europäischer Warmblutzuchten beeinflussten. Berühmte Gestüte wie Lipizza, Kladrub und Frederiksborg wurden mit Pferden aus spanischer Zucht gegründet.

Spanische Pferde gehören zur Garrocha-Reitkunst wie der Stier zum Torero.

1912, als die Einführung des nationalen Gestütsbuchs erfolgte, erkannte man, dass die Bezeichnung Andalusier den spanischen Pferden, die nicht in der gleichnamigen Provinz gezüchtet wurden, kaum gerecht wurde. Es kam zur offiziellen Rassebezeichnung Pura Raza Española (PRE). Das Stutbuch wird heute vom spanischen Verteidigungsministerium verwaltet. Nur hier eingetragene Pferde sind zur Zucht zugelassen und dürfen als PRE bezeichnet werden. Jerez de la Frontera und Sevilla gelten als Zuchthochburgen.

Außergewöhnlich begabt

PRE steht für harmonisch gebaute Pferde mit gerundeten Formen. Ein guter Spanier muss muskulös und athletisch sein.

Die Tatsache, dass spanische Pferde in den letzten Jahren immer beliebter wurden, hatte nicht nur positive Folgen. Geschäftstüchtige Händler vermarkten mitunter Andalusier, die nur noch wenig mit den traditionellen Zuchtprinzipien gemeinsam haben. In der Regel sind diese Pferde nicht im Stutbuch eingetragen. Und auch die typischen Wesens- und Leistungsmerkmale der Pura Raza Española bleiben dabei nicht selten auf der Strecke.

▶ Keine Schecken

Ein gutes Pferd hat bekanntermaßen keine Farbe, und doch erfreuen sich Schimmel ganz besonderer Beliebtheit. Gleich danach kommen braune Andalusier und manchmal sieht man auch Rappen, Falben und Mausfalben. Füchse und Schecken werden nicht ins Stutbuch eingetragen, weil sie als nicht reinrassig gelten. Früher soll es gescheckte Andalusier gegeben haben. Diese verschwanden im Zuge der Napoleonischen Kriege aus Spanien. Der französische Kaiser ließ alle gescheckten Pferde erbeuten.

Dabei machen gerade sie die Grandezza des spanischen Pferdes aus. Es ist nicht nur extrem lern- und leistungsfähig, sondern auch ausgesprochen willig. Dank Intelligenz und Auffassungsgabe lernen Andalusier schnell. Ein guter Ausbilder kann diese Pferde bis zu den schwersten Klassen der Dressur ausbilden. Aber auch vor der Kutsche machen die mit Berberpferden verwandten Südeuropäer eine Top-Figur. Nicht zu vergessen beim Rejoneo, dem spanischen Stierkampf.

▶ Spaniens ganzer Stolz

Name:	**Pura Raza Española, Andalusier**
Ursprung:	Spanien
Stockmaß:	circa 155–162 cm
Farben:	überwiegend Schimmel und Braune, seltener sind Rappen, Falben und Mausfalben
Körper:	kurzer Rücken, schräge Schulter
Kopf:	edel, trocken, gerades oder subkonvexes Profil
Hals:	kräftig, hoch aufgesetzt
Hufe:	klein, hohe Trachten, starke Wände, wenig Strahl

Bei Show- und Freizeitreitern stehen die rassigen Spanier hoch im Kurs.

Lusitano

Die bedeutendsten Lusitano-Gestüte Portugals spiegeln den Charme vergangener Jahrhunderte wider. In ähnlichem Stil lebten Pferde in den Stallungen französischer Schlösser. Leider entspricht das nicht immer artgerechter Pferdehaltung. Ständerhaltung ist oft zu sehen. Die in den Ställen lebenden Hengste gleichen einer Parade von Märchenrössern. Einige Lusitanos erinnern an Kupferstiche aus der Zeit der barocken Reitmeister.

Die portugiesische Lusitano-Zucht konzentriert sich in den Provinzen Ribatejo und Alentejo. Das Staats- und Hauptgestüt Fonte Boa, das bei Santarem liegt, gilt als Zentrum der Zucht. Dort stehen 60 Lusitano-Hengste aus Privatgestüten und die jeweils dazugehörigen handverlesenen Stutenstämme. Abgesehen vom Staatsgestüt Fonte Boa sind etwa 20 große Gestüte und 70 kleinere bekannt. Die Zuchtleitung obliegt der „Associação Portuguesa de Criadores do Cavalo Pure Sangre Lusitano", die gemeinsam mit dem Landwirtschaftsministerium das Gestütbuch führt.

Der kurze Rücken und die muskulöse Kruppe des Lusitanos sorgen für eine enorme Wendigkeit.

Ein Höhepunkt des Zuchtgeschehens ist die jährliche „Feira de São Martinho" in Golegã, die mit einem großen Pferdemarkt, Darbietungen der portugiesischen Hofreitschule und einer großen Pferdeschau aufwartet.

Legendäre Gestüte

Eines der berühmtesten Lusitano-Gestüte, die Coudelaria d'Andrade, liegt ganz in der Nähe des kleinen Dörfchens Barbacena.

Der Name des Gestüts steht für Spitzenpferde, die sowohl im Spring- und Dressursport als auch in ihrer ursprünglichen Funktion als Stierkampfpferd für Furore sorgen.

Während die Lusitanos der d'Andrade-Zucht leicht und edel wirken, bestechen die Pferde des Gestüts von Manuel Tavares Veiga, das neben der Coudelaria d'Andrade als bedeutendstes Lusitano-Gestüt des 20. Jahrhunderts gilt, eher durch ihre Kompaktheit. Beide Zuchtlinien sind gleichermaßen dem iberischen Typ treu geblieben und bringen Spitzenpferde hervor.

Die Coudelaria d'Andrade wurde 1894 von Dr. Ruy d'Andrade gegründet. Der berühmte, portugiesische Hippologe baute seine Zucht mit Guerrero-Hermanos-, D.-Vicente-Romero-y-Garcia- und D.-António-Perez-Tinao-Stuten auf, in deren Adern das reinste spanische Cartujana-Blut floss.

Eine stolze Aufrichtung und eine schöne Knie-aktion prädes-tinieren den Lusitano für die klassisch-baro-cke Reiterei.

▶ Doma Vaquera

Name: **Lusitano**

Ursprung: Portugal

Stockmaß: 152–155 cm (Stuten), bis 165 cm (Hengste)

Farben: überwiegend Braune und Schimmel, seltener sind Rappen, Dunkelfüchse, Falben und Isabellen sowie Albinos mit blauen Augen; Schecken sind ausgestorben

Körper: kurzer Rücken, gut bemuskelte Kruppe

Kopf: lang, gerades Profil

Hals: lang, kräftig an der Basis

Hufe: klein, hohe Trachten, dicke Wände, wenig Strahl

Fromm und energisch

Der Gestütsinhaber der Coudelaria, José Luìs d'Andrade, weiß genau, worauf es bei einem Lusitano ankommt: „Lusitanos sind lebhafte, energische Pferde mit einem frommen Charakter. Ihre Menschenbezogenheit und Gelehrigkeit machen sie zu rittigen und angenehmen Begleitern". Der sprichwörtliche Mut und die Wendigkeit des Lusitanos ergeben in Kombination mit einer explosiven Kraft der Hinterhand und einem angeborenen „Cow Sense" die idealen Voraussetzungen für die Hüte- und Treibarbeit mit Kampfrindern („Doma Vaquera").

Letztendlich kommen die beschriebenen Eigenschaften auch der Ausbildung der Pferde in der Hohen Schule zugute: Der von einem hohen Kniebug und einer auffälligen Leichtigkeit der Hankenbiegung gekennzeichnete Bewegungsablauf des Lusitanos ist ausbalanciert und von fabelhafter Kadenz. Die Anlagen für Piaffe, Passage, Pirouette und für die Schulsprünge sind von Geburt an vorhanden.

Menorquino

Die Raza Menorquina repräsentiert für viele genau das, was ein Traumpferd ausmacht: schwarzes, glänzendes Fell; eine lange, seidige Mähne; ein üppiger, wehender Schweif; ein ausdrucksvoller Charakterkopf und ein Muskelspiel, bei dem jeder Sportler vor Neid erblassen würde. Hinzu kommt die unvergleichliche Kadenz, in der sich Vertreter dieser ausschließlich auf der kargen, steinigen Balearen-Insel Menorca beheimateten Rasse unter dem Sattel präsentieren.

▶ Powerpferde

Name:	**Caballo Menorquin, Menorca-Pferd, Menorquino**
Ursprung:	Menorca
Stockmaß:	circa 160 cm
Farben:	Rappen
Körper:	kurzer Rücken, mäßig abfallende Kruppe
Kopf:	lang, gerades Profil
Hals:	schön geschwungen
Hufe:	schmal, hart

Das Fell der Menorquinos glänzt wie schwarzer Lack.

Manche bezeichnen das überschäumende Temperament des Caballo Menorquin als energisch – feurig wäre sicherlich der noch treffendere Ausdruck. Die im Reitpferdetyp stehenden Powerpferde sind von solcher Explosivität, dass sie ausschließlich in die kompetenten Hände erfahrener Ausbilder und Reiter gehören.

Das Menorca-Pferd ist nicht nur das fleischgewordene Abbild eines Märchenrosses, es ist zudem ein Urgestein der spanischen Pferdezucht und somit von sehr großem züchterischen Interesse für Freunde des Iberischen Pferdes. Bereits in der Bronze- und Eisenzeit sollen Vorfahren des heutigen Caballo Menorquin die Balearen-Insel bevölkert haben.

Wechselvolle Geschichte

Vielleicht liegt der Ursprung der Rasse sogar noch weiter zurück. Während es für die Zeit der Antike nur wenige Hinweise gibt, sind für das Mittelalter zahlreiche verbürgt.

Die britische Herrschaft (1708 bis 1802) soll das Zuchtgeschehen auf Menorca ganz massiv beeinflusst haben, weil zunehmend englisches Zuchtmaterial importiert wurde. Es gibt sogar Stimmen, die behaupten, die leidenschaftliche Passion für Pferde sei nur dank der Briten auf die menorquinische Bevölkerung übergegangen.

Um 1850 galt der Bestand des Caballo Menorquin als gesichert, aber in den darauf folgenden 100 Jahren ging es mit der Rasse dramatisch bergab. Vor gar nicht allzu langer Zeit sah es aus, als würden die rittigen, dunklen Gestalten aussterben. Inzwischen hat sich die Situation etwas entschärft: Die Rasse gilt als stabilisiert, sie ist aber nach wie vor selten. Man schätzt die Anzahl der Pferde auf unter tausend Exemplare. Die Jefatura de Cria Caballar führt ein Gestütsbuch.

Tanz auf zwei Beinen

Menorcas wunderschöne Pferderasse genießt einen Status, der auf den brodelnden Volksfesten deutlich wird. Das Caballo Menorquin ist der Star, wenn die Balearen-Insel von Juni bis September ihre traditionellen Ferias begeht. Die Ursprünge des einerseits von schwarz-weiß gekleideten und andererseits von mit Nelken und Schleifen ausstaffierten Reitern gekennzeichneten Rituals sollen auf das 14. Jahrhundert zurückgehen.

Die beweglichen Rappen sind dafür bekannt, sich in spektakulärer Manier aufzubäumen. Wenn sie sich in der Elevada zeigen und wild mit den Vorderhufen in die Luft schlagen, kennt die Begeisterung der Einwohner Menorcas keine Grenzen mehr. Manche Pferde legen mehrere Meter auf zwei Beinen zurück.

Die herrlichen Rappen gelten als sehr vielseitig. Sie bieten sich für Dressurlektionen, Darbietungen der Hohen Schule und auch für den Fahrsport an.

Kenner beurteilen das Gangvermögen des Menorquinos als energisch, aber weniger raumgreifend als das der Pura Raza Española oder des Lusitanos. Insbesondere die Knieaktion sei weniger spektakulär ausgeprägt. Die Veranlagung zur Hohen Schule ist hingegen beim Menorquino ganz genauso prägnant zu erkennen wie bei den anderen iberischen Rassen.

Auch hierzulande sind Menorquinos inzwischen recht bekannt, obwohl sie selten sind. Das liegt sicherlich an ihrer Präsenz auf Pferde-Fachmessen und ihren immer atemberaubenden Darbietungen im Rahmen von Shows. Als reines Freizeitpferd wären die Schwarzen mit dem explosiven Potenzial allerdings sicherlich unterfordert.

Menorquinos können meterweit auf der Hinterhand laufen.

Barockpferde

Friese

Kaum jemand kann sich dem barocken Charme des Friesen-pferdes entziehen. Die lackschwarzen Schönheiten mit den langen Mähnen und üppigen Schweifen sind die erklärten Publikumslieblinge bei jeder Pferdeshow. Auch im Fahrsport, in der Barock- und in der Freizeitreiterszene sieht man die schwarzen Perlen mit dem prächtigen Kötenbehang oft. Sie sind imposant und doch sensibel. Kein Wunder, dass Friesen schon im Mittelalter einen legendären Ruf genossen.

Auch unter dem Damensattel machen sich Friesen ausgezeichnet.

Friesen gehören heute ohne Frage zu den beliebtesten Pferderassen. Dabei wären sie im 18. und 19. Jahrhundert beinahe ausge-storben. Es ist dem Engagement einer kleinen, bäuerlichen Züchterschaft zu ver-danken, dass die Rasse ein Comeback feiern konnte. 1878 wurde das „Friesische Paarden Stammboek" gegründet, und von da an ging es wieder bergauf. Wenn auch nicht ganz problemlos: Die kleine Stutenbasis machte eine enge Inzucht erforderlich, die nicht nur

Vorteile brachte. Der 1885 geborene Hengst Nemo 51 ist der Stammvater aller einge-tragenen Friesenpferde.

Friesen waren im 18. und 19. Jahrhundert nicht nur beliebte Kutsch- und Arbeitspferde. Sogenannte Harddraver, Friesen mit einer spektakulären Trabaktion, maßen sich bei Rennen, denen die gesamte Dorfbevölkerung zusah. Noch früher – im Mittelalter – galten Friesische Pferde als hervorragende Streit-rösser und Turnierpferde für Ritterspiele. Außerdem nahmen sie Einfluss auf ver-schiedene andere Zuchten, wie zum Beispiel die der Oldenburger oder Orlow-Traber. Auch einige Pony- und Kaltblutrassen profitierten von den Friesengenen. Nach dem Zweiten Weltkrieg wurde die Rapplinie der Kladruber mit ihrer Hilfe wieder aufgebaut.

Kraftvoll und elegant

Inzwischen sind Friesen längst zum Nationalsymbol Frieslands geworden. Sie sind einzigartig. Keine andere Pferderasse zeigt wirklich überzeugende Ähnlichkeiten. Selbst der kleine Bestand der südafrikani-schen „Flamen", der stark an Friesen er-innert, geht ursprünglich auf sie zurück.

Früher gab es auch braune Friesen und sogar Füchse. Beide Farben sind heute nicht erwünscht. Zur Zucht werden ausschließlich Rappen zugelassen.

Zum einen ist es sicherlich der Einzigartigkeit der Rasse zuzuschreiben, dass sie weltweit so beliebt ist. Zum anderen tragen aber auch das gelehrige, sensible Wesen und die energischen Gänge dazu bei.

Friesen vereinen Eleganz mit Kraft. Ihr Trab ist majestätisch und der Galopp herrlich rund. Sie bieten sich geradezu für die klassisch-barocke Reiterei an und erlernen selbst die schwierigsten Zirkuslektionen.

Edle Kutschpferde

Auch vor Kutschen machen die schwarzen Perlen eine gute Figur. Ganz gleich, ob ein- oder mehrspännig gefahren: Ein Friesengespann ist immer ein Hingucker. Fahrsportler schätzen die nervenstarken Pferde, deren Blut einst durch iberische Rassen veredelt wurde. Die runden Gänge und das fliegende Langhaar machen Friesengespanne zu einem optischen Hochgenuss.

Angesichts der großen Nachfrage scheint die Zukunft der aus dem niederländischen Westfriesland stammenden Rasse gesichert.

▶ Schwarze Perlen

Name:	Friese
Ursprung:	Niederlande
Stockmaß:	circa 155–175 cm
Farben:	Rappen
Körper:	wenig ausgeprägter Widerrist; recht steile Schulter, weicher Rücken, muskulöse Kruppe
Kopf:	typvoll geformt, manchmal etwas lang, meistens gerades oder leicht konkaves Profil, manchmal auch geramst
Hals:	schön geschwungen, hoch aufgesetzt, stark ausgebildeter Kamm
Hufe:	oft platt, Qualität nicht immer gut

Im Fahrsport sind die schwarzen Perlen überaus beliebt.

Kladruber

Bei vielen anderen Rassen ist er verpönt, beim Kladruber, der offiziell Alt-Kladruber heißt, allerdings erklärtes Zuchtziel: der Ramskopf. Das markante Profil stand ursprünglich für Männlichkeit, und die wurde am Wiener Kaiserhof groß geschrieben. Dort erlebte der Kladruber zurzeit des Rokoko seine Blüte. Er war das Gala-, Kutsch- und Paradepferd der Aristokraten. Beim Kladruber handelt sich um die einzige Rasse weltweit, die für Zeremonialzwecke entstand.

Das ehemalige Hofgestüt, auf dem Alt-Kladruber schon seit jeher gezüchtet wurden, ist heute das tschechische Nationalgestüt. Noch immer ist es die Hochburg der pompösen Rappen und Schimmel.

Die Lieblinge des Wiener Hofes sind Schimmel oder Rappen. Es gab und gibt sie nur in diesen beiden Farbschlägen. Während die Schimmel traditionell vor prächtige Kutschen gespannt wurden, dienten die Rappen ausschließlich klerikalen Zwecken.

Beide Varianten unterschieden sich aber nicht nur durch ihre Farbe: Die Schimmel zeigten eine eher spanische Prägung, während die Rappen auf die inzwischen ausgestorbene italienische Rasse Polesina zurückgehen.

Feurig und nobel

Die Ähnlichkeit mit Lipizzanern, die ebenfalls iberische Vorfahren haben, ist auch heute nicht zu übersehen. Kladruber haben ein feuriges Temperament, dabei aber einen noblen Charakter. Diese Kombination ist ideal, um die Rasse klassisch-barock auszubilden. Sie hat hervorragende Anlagen zu Lektionen der Hohen Schule. Und Imponiergehabe liegt den großen, starken Pferden ohnehin im Blut. Im Trab entfalten Kladruber eine atemberaubende Kadenz mit hoher Knieaktion – ein wahrer Augenschmaus für jeden Barockpferde-Fan. Der Galopp wirkt hingegen manchmal etwas schwerfällig.

Kladruber beeinflussten in der ersten Hälfte des 19. Jahrhunderts die ungarische Nonius-Zucht. Sie brachten mehr Größe und Kaliber in die alte Rasse. Aus der Kreuzung von Welsh Cob-Hengsten mit Kladruber-Stuten entstanden die Podhajsky-Schimmel, die vor der Kutsche und unter dem Sattel durch ihr spektakuläres Gangwerk auffallen.

▶ Paradepferde

Name:	**Kladruber, Alt-Kladruber**
Ursprung:	Tschechien
Stockmaß:	circa 167 cm; früher über 180 cm
Farben:	Rappen und Schimmel
Körper:	kräftige Gliedmaßen, gut ausgeprägter Widerrist, langer Rücken, muskulöse Kruppe
Kopf:	lang, scharf gemeißelt; ausdrucksvoll, ramsnasig
Hals:	gewaltig, stark aufgerichtet
Hufe:	groß, steile Trachten, kleiner Strahl

![Richard Hinrichs auf einem Kladruber]

Richard Hinrichs, Meister der klassisch-barocken Reitkunst, hat ein Faible für Kladruber.

Weltkulturerbe

Die ehemaligen Paradepferde gekrönter Häupter sind eben etwas Besonderes. Deshalb wurden sie vermutlich auch von der UNESCO zum Weltkulturerbe erklärt. Als einzige Pferderasse, die nachweislich nur für Zeremonien gezüchtet wurde, steht dem Kladruber der Status als „künstlerische Schöpfung" zu. Eine landwirtschaftlich geprägte Gebrauchszucht waren Kladruber jedenfalls nie.

In Kladrub ist man sich dieser Ehre durchaus bewusst und hält die Tradition in Ehren. Schimmel und Rappen entspringen farblich voneinander getrennten Zuchtstämmen. Die Schimmelherden sind im Nationalgestüt selbst untergebracht. Die

Rappen stehen in Slatian, einem Gestüt, das Kladrub untersteht und das auch das Zuchtbuch führt. Außerdem gibt es insgesamt rund 50 Privatzüchter.

In den letzten Jahren lag die Zahl der Kladruber bei circa 600 Tieren. Es gab dabei mehr Rappen als Schimmel. Die Schimmelzucht besteht aus acht Familien, die Rappzucht aus 15 Familien.

Kladruber sind Spätentwickler. Wird dies bei ihrer Ausbildung berücksichtigt, haben sie eine hohe Lebenserwartung und bleiben lange fit. Sie sind ideale Partner für Freunde der klassisch-barocken Reitkunst.

So zum Beispiel auch für Richard Hinrichs, einen wahren Meister der klassisch-barocken Reitkunst. Er hat seinen Kladruber-Hengst Favory Ravella bis zur Hohen Schule ausgebildet.

Knabstrupper

Knabstrupper sind echte Originale. Und das nicht nur aufgrund ihres gefleckten Fells. Vielmehr ist es ihr aufgewecktes Wesen, das seltsame Blüten treiben kann, wenn es unterfordert wird. Ohne eine Aufgabe fühlt sich ein Knabstrupper nicht wohl. Fordert man ihn hingegen, so entwickelt der barocke Däne Passion und Ehrgeiz. Dabei brilliert er als Sport- und Freizeitpferd. Vor der Kutsche gibt er sich nicht minder majestätisch als unter dem Sattel.

Die mit dem Frederiksborger verwandte Rasse gilt als überaus intelligent. Ein guter, einfühlsamer Ausbilder kann einen Knabstrupper problemlos bis zur Hohen Schule führen. Übertriebene Härte oder Inkonsequenz stoßen hingegen auf massiven Protest.

Während das Wesen des Knabstruppers wohl schon immer speziell gewesen sein soll, hat sich sein Exterieur verändert. Es lässt heute die Einheitlichkeit vermissen, die es einst durchaus aufwies. Der reingezogene Knabstrupper gilt als ausgestorben.

Die Tigerscheckfärbung ist inzwischen zum Hauptkriterium der Rasse geworden. Und diese findet sich bei Ponys, edlen Warm- und Vollbluttypen sowie beim Arbeitspferd.

Überzeugte Knabstrupper-Fans mit einer Affinität zur klassisch-barocken Reitkunst haben eine feste Vorstellung vom Idealtyp. Er sollte dem Pferd des bronzenen Reiterstandbildes Friedrichs V. auf dem Schlossplatz von Amalienborg in Kopenhagen gleichen. Das Kunstwerk zeigt das Abbild eines typischen Barockpferdes.

An ein Reiterstandbild aus vergangenen Zeiten sollen Knabstrupper erinnern. Es gibt aber auch einen Trend hin zum Sportpferdetyp, bei dem der barocke Überguss in den Hintergrund tritt.

Rassetypisch: Menschenauge und gestreifte Hufe

Die Fleckung des Fells ist Knabstrupper-Fans wichtig, es gibt aber auch waschechte Knabstrupper ohne diese Zeichnung. Manche sind einfarbig oder werden sogar rein weiß geboren. Trotzdem können diese Pferde die Tigerscheckung an ihre Nachzucht vererben. Die Farbmuster erinnern an die des Appaloosas. Braun-, Fuchs- und Rapptiger sind am häufigsten. Knabstrupper mit Flecken haben nicht nur „Menschenaugen", sondern auch gestreifte Hufe. Und damit nicht genug: Auch das sogenannte Kröten-maul ist bei ihnen oft zu sehen. Hierbei handelt es sich um rosafarbene Hautstellen, die durch eine schwache Hautpigmentierung zustande kommen.

So rassetypisch wie Menschenaugen und Tigerscheckung ist auch der raumgreifende Schritt des Knabstruppers. Die erhabenen Pferde bewegen sich energisch und tragen sich auf der Hinterhand, was besonders gut im Trab zu sehen ist. Die hohe und runde Aktion schafft beste Voraussetzungen für die Ausbildung zu Lektionen wie Passage und Piaffe.

Aber es muss nicht immer die Hohe Schule sein. Auch als Freizeitpferd machen Knabstrupper eine gute Figur.

▶ Tigerschecken

Name:	Knabstrupper
Ursprung:	Dänemark
Stockmaß:	circa 155–163 cm
Farben:	oft Braun-, Fuchs- und Rapptiger, aber auch einfarbige Pferde
Körper:	relativ langer Rücken, wenig ausgeprägter Widerrist, mäßig schräge Schulter, muskulöse, abschüssige Kruppe
Kopf:	trockener Ramskopf, eher klein
Hals:	lang, hoch aufgesetzt, getragen
Hufe:	bei gefleckter Fellfarbe sind auch sie gestreift

▶ Gut Knabstrupp

Das dänische Gut Knabstrupp gilt als Wiege der Knabstrupper-Zucht. 1776 gründete Christian Detlev Lunn dort eine Pferdezucht. Die Entstehung der Rasse Knabstrupper wird jedoch seinem Sohn Villars Lunn zugeschrieben. Interesse an Pferden mit ausgefallenen Farben hatte es aber auch schon in den Jahrhunderten davor gegeben. Und sicherlich bildete diese Faszination die Basis für die Tigerschecken, die später nach dem Traditionsgut Knabstrupp benannt werden sollten.

Lipizzaner

Die meist schneeweißen Lipizzaner, die von der Wiener Hofreitschule innerhalb von acht Jahren bis zur Hohen Schule ausgebildet werden, genießen Weltruhm. Wenn es um die klassische Reitkunst geht, macht den athletischen Schönheiten so schnell keine andere Rasse etwas vor. Die meisten Lipizzaner sind Schimmel, es gibt aber auch Braune und Rappen. Die Wiener Hofreitschule zeigt gerne eine „schwarze Perle" in ihren Schaubildern.

In Ungarn gibt es auch heute noch große Lipizzanerherden.

Als Prototyp des barocken Schulpferdes haben Lipizzaner längst die Herzen anspruchsvoller Reiter erobert. Ihre Gelehrigkeit und ihr Wille zu lernen, sind berühmt. Da auch Körperbau und Gangwerk geradezu perfekt auf die anspruchsvolle Hohe Schule ausgelegt sind, steht einer niveauvollen Ausbildung nichts im Wege.

Kenner behaupten, es gebe keine Lipizzaner mit unangenehmem Wesen. Gerade deshalb ist die traditionsreiche Rasse auch für Freizeitreiter überaus interessant.

Die spätreifen Schimmel sind umgänglich. In der Regel kommen auch Kinder und ängstliche Reiter problemlos mit ihnen zurecht. Ihre Gesundheit gilt als robust. Kein Wunder, schließlich stammen Lipizzaner ursprünglich aus einer Gebirgsregion.

Auch die Betreiber großer ungarischer Gestüte halten die Stuten und Fohlen draußen in großen Herden. Diese Haltungsform erhöht zwar den Putzaufwand, wirkt sich aber sicherlich positiv auf die Widerstandskraft der edlen Schimmel aus.

Ein tolles Gespann

Auch vor schönen Kutschen machen sich Lipizzaner hervorragend. Im Trab kommt ihre hohe Knieaktion ganz ausgezeichnet zur Geltung. Elegante Stuten, sogenannte Jucker, sind unter Freunden des Fahrsports besonders beliebt. Dabei sind Lipizzaner vor der Kutsche nicht nur wunderschön, sondern auch durchaus leistungsstark.

Der Name Lipizzaner geht übrigens auf das Stammgestüt Lipica zurück, das heute zu Slowenien gehört. Es wurde bereits 1580 in der Nähe von Triest gegründet. Die ersten Pferde waren Kreuzungen aus iberischen Rassen und Karstpferden. Die heutige Rassebezeichnung gibt es erst seit 1780.

Es wird noch einige Monate dauern, bis sich dieses Jungpferd als Schimmel entpuppt.

Es folgte eine wechselhafte Geschichte. Die optimal an die kargen Lebensbedingungen im Karstgebirge angepassten Pferde mussten 1915 während des Ersten Weltkrieges evakuiert werden. Nicht alle überstanden die Umstellung auf ein milderes Klima.

1920 entbrannte zwischen Italien und Österreich ein erbitterter Streit um den Lipizzaner-Bestand. Man teilte ihn, und der österreichische Teil zog in das heutige Bundesgestüt Piber. Von dort stammen die

▶ Stars der Wiener Hofreitschule

Name:	**Lipizzaner**
Ursprung:	Slowenien
Stockmaß:	circa 157–162 cm
Farben:	Schimmel, selten Rappen und Braune
Körper:	gedrungen, wenig ausgeprägter Widerrist, muskulöser Rücken, kräftig bemuskelte Kruppe
Kopf:	ausdrucksvoll, lang gestreckt, trocken, oft ramsnasig
Hals:	hoch aufgesetzt, stark, nicht sehr lang
Hufe:	klein, schmal, hart

berühmten Hengste der Wiener Hofreitschule. Die Ausbilder nehmen sich übrigens acht ganze Jahre Zeit, um die wertvollen Pferde auszubilden. Die meisten sind erst ab dem zwölften Lebensjahr in den renommierten Schulquadrillen zu sehen.

Lipizzaner werden heute europaweit – auch privat – gezüchtet. Der Schwerpunkt liegt jedoch nach wie vor in den Staatsgestüten der Nachfolgestaaten der k.u.k.-Donau-Monarchie: Österreich, Slowakei, Kroatien, Ungarn und Rumänien.

Auch Freizeitreiter schwören vermehrt auf Lipizzaner, allerdings schrecken viele die verhältnismäßig hohen Kaufpreise ab. Wer sich jedoch einmal für einen Lipizzaner entschieden hat, ist in der Regel zeitlebens hellauf begeistert.

▶ Berühmte Väter

Die Lipizzaner-Zucht wäre heute nicht das, was sie ist, wenn es nicht sechs legendäre Stammväter gegeben hätte: Allen voran der 1765 geborene Spanier Pluto, der neapolitanische Rapphengst Conversano (1767), der spanisch-neapolitanische Falbe Favory (1819), der braune Neapolitano (1790), der Vollblutaraber-Schimmel Siglavy (1810) und Maestoso (1819) mit seiner neapolitanisch-spanischen Abstammung.

Gangpferde

Aegidienberger

Wenn zwei Welten in Harmonie miteinander verschmelzen, kann etwas Interessantes daraus entstehen. So zum Beispiel der Aegidienberger, eine Rasse, die alle Vorteile von Islandpferden und Paso Peruanos miteinander vereint. Anmut, Leichtigkeit und Energie zeichnen die Naturtölter aus. Mit ihnen ist für Gangpferdefreunde ein Traum in Erfüllung gegangen. Die leichttrittigen, taktklaren Tölter haben herrlich akzentuierte Bewegungen.

Die Idee, eine neue Gangpferderasse zu schaffen, entsprang den Köpfen zweier deutscher Islandpferde-Experten. Walter Feldmann und sein gleichnamiger Sohn reisten 1982 nach Peru, um sich eine Gangpferde-Meisterschaft anzusehen. Dort beobachteten sie Paso Peruanos, die Eigenschaften hatten, von denen Islandpferde vielleicht profitieren könnten. Ein höheres Stockmaß, eine große Kooperationsbereitschaft und Anmut sollte der Paso Peruano vererben. So weit die Vorstellung, die bald Realität werden sollte.

Von allem das Beste

Das Zuchtziel war von Anfang an klar definiert: Die Feldmanns wollten ein Gangpferd züchten, das die rasante Geschwindigkeit des Islandpferdes bewahrt, durch den Einfluss des Pasos aber einen besseren Tölt und ein vorteilhafteres Fundament aufweist. Außerdem hoffte man, die Neukreation würde besser mit hohen Temperaturen zurechtkommen, was Islandpferden mitunter schwerfällt. Das ist verständlich, schließlich stammen sie im Gegensatz zu Pasos aus einer kalten Region.

Die Robustheit, die die Isis auszeichnet, sollte natürlich erhalten bleiben, ebenso ihre Leichtrittigkeit. Aber größer als die kräftigen Islandpferde sollte die neue Rasse schon sein.

Das Feldmann-Projekt, das in Aegidienberg bei Köln seinen Anfang genommen hatte, scheint geglückt. Das belegt auch die offizielle Anerkennung der Rasse Aegidienberger durch das Rheinische Pferdestammbuch und zahlreiche Zuchtverbände. Sogar das Ministerium für Umwelt, Raumordnung und Landwirtschaft erkannte den Aegidienberger als eigenständige Rasse an. Seit 2004 dürfen unter bestimmten Bedingungen auch andere töltende Rassen eingekreuzt werden.

▶ Eine neue Rasse entsteht

Um ihr Ziel zu erreichen, verpaarten die Feldmanns ihren Paso Peruano-Hengst El Paso mit Islandstuten. Die Nachzucht (F1-Generation), größere elegante Naturtölter, wurden mit Islandpferden rückgekreuzt. Und das daraus entstandene Pferd (R1-Generation) wiederum mit der F1-Generation angepaart. Schließlich entstanden innerhalb von drei Generationen Pferde, die zu 5/8 isländisches und zu 3/8 peruanisches Blut führten. Nun war es möglich, den neuen Rassetyp ohne Fremdblut weiterzuzüchten. Alle weiteren Anpaarungen erfolgten handverlesen, innerhalb des neuen Bestandes.

▶ Zwei Welten vereint

Name:	**Aegidienberger**
Ursprung:	Deutschland
Stockmaß:	145–155 cm
Farben:	alle
Körper:	harmonisches, stabiles Gebäude und Fundament
Kopf:	hübsch, trocken, kantig
Hals:	relativ kurz, stark
Hufe:	gut geformt

Gehfreudig

Die neue Rasse hat einiges zu bieten: Robustheit und Vielseitigkeit zum Beispiel. Aegidienberger sind ausgezeichnete Freizeitpferde mit allen Voraussetzungen für schöne Wander- und Distanzritte. Auch als Showpferde machen die leichttrittigen und äußerst gehfreudigen Naturtölter eine Menge her.

Tempo machen kann die neue Gangpferderasse „made in Germany".

Dieser Aegidienberger-Rappe verkörpert optimal das Zuchtziel.

Die Deutschen mit den südamerikanischen und isländischen Vorfahren sind lebhaft und voller Energie. Durch ihre Intelligenz und ihre Leistungsbereitschaft sind die schwungvollen Tölter ideale Partner von anspruchsvollen Freizeitreitern. Zumindest für die, die bequeme und zugleich rasante Gangarten schätzen.

Die Zucht konzentriert sich nach wie vor auf das von Walter Feldmann junior geführte Gangpferdezentrum Aegidienberg in Deutschland.

Aber auch in vielen weiteren Reitställen stehen Aegidienberger, die Freizeitreiter mit einem Hang für das Ungewöhnliche längst überzeugt haben. Eine Rasse mit Zukunftspotenzial!

Islandpferd

Eisige Kälte und schneidender Wind können ihnen nichts anhaben: Islandpferde sind inmitten bizarrer Eislandschaften zu Hause. Entsprechend üppig ist das Haarkleid der gangstarken Ponys. Aber es ist sicherlich nicht nur der plüschige Teddy-Look, der Islandpferde auf dem Kontinent so beliebt gemacht hat. Die robusten Ponys verwöhnen ihre Reiter auch mit bequemen Gängen und einem umgänglichen Temperament.

Kein Tropfen wird vergossen, wenn ein Islandpferde-Reiter auf seinem Pony dahintöltet und ein Glas Wasser in der Hand hält. So erschütterungsfrei ist der Tölt, der allerdings nicht allen Isis in die Wiege gelegt wird. Auch der rasante Rennpass muss von vielen Ponys erst erlernt werden. Aber die Veranlagung zum Fünfgänger haben in der Tat viele der aus Island stammenden Freizeitpartner. Manche sind sogenannte Naturtölter. Sie müssen den Tölt nicht erlernen. Er wird bei der Ausbildung dann nur verfeinert.

Robust

Abgesehen von rückenfreundlichen Gangarten haben Isis viele weitere Qualitäten zu bieten. Zum Beispiel ihre Robustheit. Die kräftigen, kleinen Pferde fühlen sich im Offenstall am wohlsten. Hierzu gehören auch Artgenossen – am liebsten andere Isländer.

Schlechtes Wetter stört die Ponys kaum. Selbst bei strömendem Regen stehen sie mit dem Schweif gegen den Wind draußen und trotzen der Witterung. Im Winter lassen sie sich gerne einschneien, schließlich wird es unter einer dichten Schneeschicht mollig warm. Trotz aller Robustheit gehört aber auch bei Islandpferden ein zugfreier Unterstand zur artgerechten Offenstallhaltung. Den nutzen sie dann vermutlich, um sich vor der Mittagssonne zu schützen.

Ob Tölt oder Rennpass – hierfür sind Isis genau die richtigen Spezialisten.

In Robusthaltung fühlen sich die wuscheligen Zeitgenossen pudelwohl.

Genügsam

Auch was das Nahrungsangebot angeht, erweisen sich Isis als genügsam. Mit hochwertigem Raufutter und regelmäßigem Weidegang kommen sie durchaus gut über die Runden. Kraftfutter wird vor allem bei hohen Leistungsanforderungen, wie sie zum Beispiel der Turniersport mit sich bringt, gegeben.

Bei artgerechter Haltung werden Islandponys sehr alt. 30 Jahre und mehr sind keine Seltenheit. Gesundheitliche Probleme gibt es – abgesehen von einer erhöhten Ekzemneigung – nicht. Erkrankungen wie Spat sind in den meisten Fällen eher mangelhaften Trainingsmethoden zuzuschreiben. Hufrehe entsteht durch übermäßigen Weidegang auf Wiesen mit Hochleistungsgras, was die leichtfuttrige Rasse nicht gut verträgt.

Gewichtsträger

Obwohl Islandpferde nicht groß und deshalb eigentlich Ponys sind, ist ihre Tragkraft durchaus mit der größerer Pferde zu vergleichen. Auch Erwachsene können die kräftigen Nordlichter problemlos reiten, ohne ein schlechtes Gewissen haben zu müssen.

In Island waren die vielseitigen Ponys lange Zeit die einzigen Verkehrsmittel. Jeder bewegte sich mit ihnen fort und alle Lasten – bis hin zu Särgen – wurden von den stabilen Vierbeinern transportiert.

Wikinger Ponys

Die Tragkraft des Islandpferdes schätzten schon die Wikinger, die ihre Pferde aus Norwegen mit nach Island brachten. Es handelte sich um Germanen- und Kelten-Ponys, die auf Kreuzzügen erbeutet worden waren. Aus diesen Kreuzungen entstand in Island eine Reinzucht, deren Früchte heute Freizeit- und Turnierreiter in aller Welt genießen können.

▶ Keck, klein und kräftig

Name:	Islandpferd
Ursprung:	Island
Stockmaß:	128–143 cm
Farben:	alle, außer Tigerschecken
Körper:	untersetzt; kurzer, starker Rücken
Kopf:	klein, recht edel
Hals:	stark, oft tief angesetzt
Hufe:	sehr gut geformt, extrem hart

Paso Fino und Paso Peruano

Die spanischen Konquistadoren haben viel Leid über Südamerika gebracht. Sie rotteten ganze Stämme von Einheimischen aus und machten deren Kulturen dem Erdboden gleich. Mit ihren Pferden schufen sie aber die Grundlage für die Paso-Zucht. Paso Fino und Paso Peruano sind zwei Gangpferde-Rassen, die heute bei Freizeitreitern sehr beliebt sind. Kein Wunder, denn ihre Gänge sind herrlich bequem. Ihr Markenzeichen? Brio – das gehorsame Feuer.

Wer ein bequemes Freizeitpferd sucht, das größer als ein Islandpferd ist, könnte bei den südamerikanischen Rassen Paso Fino oder Paso Peruano möglicherweise fündig werden. Spanische Pferde bildeten in der Vergangenheit die Basis dieser gangstarken Vierbeiner. Von ihnen dürften die bild-

schönen Südamerikaner ihr Temperament geerbt haben. Allerdings ist es ein gut steuerbares Temperament, was viel hermacht, aber keinen Hasardeur erfordert, um damit fertig zu werden. Diese Eigenschaft wird von Paso-Liebhabern sehr geschätzt und unter Kennern Brio genannt.

Gangpferde-Papst Walter Feldmann auf einem Paso Peruano

Name:	Paso Peruano, Paso Fino
Ursprung:	Paso Peruano in Peru, Paso Fino in der Dominikanischen Republik, Puerto Rico, Kolumbien
Stockmaß:	durchschnittlich 155 cm
Farben:	alle (beim Paso Peruano keine Albinos und Schecken)
Körper:	lange, schräge Schulter; kurzer Rücken
Kopf:	mittelgroß, gerade oder leicht ramsnasig
Hals:	hoch aufgerichtet, kräftig
Hufe:	klein

Pasos sind ausgesprochen bequem zu sitzen und deshalb bestens für längere Geländeritte geeignet.

Gangstark

Ein kontrollierbares Temperament ist wichtig, wenn Schritt, Trab und Galopp eindrucksvoll präsentiert werden sollen. Und genau das beweisen Pasos, wenn sie außer Schritt noch Paso Fino, außer Trab noch Paso Corto und außer Galopp noch Paso Largo zeigen. Der gleichmäßige Viertakt wird als Paso Llano bezeichnet. Schon kleine Fohlen zeigen ihn in den ersten Lebenstagen ganz von selbst. Auch der Termino ist für Paso Peruanos rassetyisch: Ihre Vorhand schwingt aus der Schulter heraus markant zur Seite, bevor sie sich nach vorne bewegt.

Fino Strip

Ein klares, taktreines Gangwerk wird bei Pasos hoch geschätzt. Bei Gangpferde-Wettbewerben präsentieren sich die edlen Pferde auf dem sogenannten Fino Strip, einer mit Holzboden ausgelegten Bahn. Die anwesenden Richter nehmen die Pferde nicht nur in Augenschein, sondern sie schließen ihre Augen sogar, um die Takteinheit des Gangwerks akustisch zu überprüfen. Nur wer ihr feines Gehör überzeugt, hat eine Chance auf den Sieg.

Rittig

Dank ihrer verschiedenen Töltvarianten haben sich Pasos zum beliebten Freizeitpferd entwickelt. Eine sehr strenge Zuchtauswahl hat ihre Rittigkeit perfektioniert. Man muss kein starker Reiter sein, um mit ihnen zurechtzukommen. Einfühlungsvermögen und feine Hilfen sind die besten Voraussetzungen, um an einem Paso Freude zu haben.

Wenn Pasos auf der Weide stehen, wirken sie eher unscheinbar. Das ändert sich, sobald sie unter dem Sattel zu sehen sind. Dann entfalten sie ihr atemberaubendes Potenzial und ihre ganze Schönheit.

Zwei Zuchten

Obwohl sowohl Paso Peruanos als auch Paso Finos auf die iberischen Pferde der spanischen Konquistadoren zurückgehen, sind sie in zwei verschiedenen Zuchtgebieten beheimatet: Paso Peruanos stammen aus Peru, Paso Finos kommen aus der Dominikanischen Republik, Puerto Rico und Kolumbien.

In der Größe unterscheiden sich beide kaum. Sie haben ein durchschnittliches Stockmaß von 155 Zentimetern. Eine kompakte Größe für Reiter, die gerne Kleinpferde mit viel Gangvermögen unter dem Sattel haben.

Saddlebred

Wenn es um Show und Selbstdarstellung geht, haben American Saddlebreds die Nase vorne. Sie zeigen eine spektakuläre Knieaktion. Ihr ausdrucksvolles Gangwerk hat sie zu den berühmtesten Showpferden der USA gemacht. Was in Europa von manchen als übertriebene Inszenierung abgetan wird, lässt in den USA fast jedes Wochenende Saddlebred-Liebhaber zusammenkommen, um die gangstarken Pferde in Aktion zu erleben.

American Saddlebreds sind heute auch als American Saddle Horses bekannt. Früher war die Bezeichnung Kentucky Saddler populär. Ursprünglich war das Zuchtziel ein vielseitiger Allrounder. Inzwischen konzentriert man sich ganz klar auf Show-Qualitäten. Brillanz und spektakuläre Gänge sind gefragt. Diese werden durch extrem lange Hufe zusätzlich forciert.

Dieses Auge verrät, dass Saddler ein freundliches Wesen haben.

Der hoch getragene Kopf ist rassetypisch und vermittelt rein optisch den Eindruck von Arroganz. Das sieht natürlich nur so aus, denn diese Wesenseigenschaft ist dem Menschen vorbehalten. Erwünscht ist dieser Eindruck aber allemal.

Muss das sein?

Wenn es um Erfolge geht, vermag der menschliche Ehrgeiz seltsame Blüten zu treiben. Da wird auch vor operativen Eingriffen nicht zurückgeschreckt, um das Pferd besser in Szene zu setzen.

In den USA ist es normal, dass Showpferden die an der Unterseite der Schweifrübe befindlichen Muskeln durchtrennt werden, damit sich die Aufrichtung des Schweifes erhöht. Um dies zu erhalten, schnallen die Besitzer ihren Pferden Manschetten um die Schweifrübe. Diese verhindern das erneute Zusammenwachsen der Muskelfasern. Bei uns ist das zum Glück verboten.

Ursprung

Es war ein langer Weg, bis American Saddlebreds dort ankamen, wo sie heute sind. Die Rasse entstand auf der Basis importierter Reit- und Fahrpferde. Siedler hatten sie mit nach Amerika gebracht. Später

Airandof

Das extreme Gangwerk des American Saddlebred empfinden viele Pferdefreunde als gewöhnungsbedürftig.

Südstaaten-Traum

American Saddlebreds waren seit jeher ein Südstaaten-Phänomen. In Kentucky und Virginia konzentrierte sich von Anfang an das Zuchtgeschehen. Man schätzte Pferde mit bequemen Gängen, die keinerlei Erschütterungen des Reiters verursachen. Auch auf Ausdauer wurde bei der strengen Zuchtauslese geachtet. Hierdurch entstanden nicht nur elegante Reit-, sondern auch hervorragende Fahrpferde.

Keine Übertreibungen

Heute konzentriert sich die Zucht fast ausschließlich auf Showzwecke – zumindest in den USA. Aber auch in Europa haben etliche Pferdefreunde ihre Leidenschaft für American Saddlebreds entdeckt – und gleichzeitig auch die Qualitäten, die Saddler zu guten Freizeitpferden machen.

Saddler haben meist ein umgängliches, freundliches Wesen und lassen sich gut ausbilden. Im Gelände verwöhnen sie ihren Reiter mit bequemen Gängen und sehen dabei auch noch sehr schick aus. Und das auch ohne künstlich herbeigeführte optische Merkmale. Das außergewöhnliche Gangpotenzial entfaltet sich auch hervorragend vor der Kutsche.

wurden auch englische Pferde mit vielseitigen Fähigkeiten in die Zucht eingebracht. Hobbys und Galloways sollen dabei gewesen sein. Mit ihnen wurde die erste Grundlage für das ausdrucksvolle Gangwerk der American Saddler geschaffen.

Auch Narragansett Pacer und andere Fünfgänger hinterließen ihre Spuren in der Saddlebred-Zucht, alles Rassen mit extrem hoher Knieaktion. Sie förderten den 4-Takt-Tölt, den Slow Gait und den Rack.

Der Narragansett Pacer-Hengst Tom Hale (geb. 1810) war einer der bedeutendsten Vererber. Englische Vollblüter und Morgan Horses veredelten die Rasse dann zusätzlich. Gaines Denmark (geb. 1851), ein Englischer Vollblut-Hengst, prägte dabei eine der wichtigsten Saddlebred-Blutlinien.

Tolle Knieaktion

Name:	American Saddlebred, Saddler
Ursprung:	USA
Stockmaß:	151 – 163 cm
Farben:	überwiegend Füchse und Braune
Körper:	steile Schulter, kräftiger Rücken, kurze Kruppe
Kopf:	mittelgroß, trocken
Hals:	extrem hoch aufgesetzt
Hufe:	gute Qualität

Töltender Traber

Eigentlich sind sie Traber, aber viel zu schade, um sie nur vor den Sulky zu spannen. Töltende Traber haben dank ihrer American Standardbred-Abstammung hervorragende Gangpferde-Qualitäten. Um als Reitpferd zu brillieren, bedürfen die bis 170 Zentimeter Stockmaß großen Traber einer speziellen Ausbildung. Seit einigen Jahren haben Töltende Traber einen ständig wachsenden Fankreis bei Freizeitreitern. Sie gelten als nervenstark und problemlos im Umgang.

Üblicherweise werden Traber für den Rennsport gezüchtet. Das ist auch bei Töltenden Trabern so. Allerdings handelt es sich hierbei um Pferde, die sich aus verschiedenen Gründen nicht für ein Leben auf der Rennbahn eignen. Nein, sie sind kein Ausschuss, sondern zeigen im Trab vielleicht eine auffallende laterale Verschiebung in Richtung Pass und Tölt oder neigen zum Galoppieren. Manchmal fehlt ihnen auch einfach der Ehrgeiz, als Erster durchs Ziel zu traben. All das sind für Renntrainer Gründe, solche Pferde aus dem Sport zu nehmen.

Das bedeutet aber nicht, dass Freizeitreiter nicht von ihnen profitieren können. Im Gegenteil: Töltende Traber haben viele Qualitäten, die sie durchaus zu guten Reitpferden machen.

Uneinheitlich

Da in der Traberzucht nur die Leistung zählt, kommt es zu einem recht abwechslungsreichen Erscheinungsbild der Pferde. Viele stehen im Vollbluttyp, andere erinnern – wenn sie stehen – an Berber oder Andalusier. Sobald sie sich bewegen, ist jedoch klar, dass es sich um Töltende Traber handelt. Ihr Bewegungsablauf ist völlig anders als der nicht-töltender Pferde.

Nicht alle Traber können tölten. Viele lassen sich von einem erfahrenen Ausbilder jedoch problemlos eintölten. Andere bieten den Tölt ganz von selbst an. Man nennt solche Pferde Naturtölter.

Auch im kräftigeren Stocktyp stehende Traber erfreuen sich großer Beliebtheit. Sie sind kleiner, stehen im Warmbluttyp und haben oft wunderschöne Mähnen und Schweife – manchmal auch einen Kötenbehang.

▶ Zu schade für den Sulky

Name:	**Töltender Traber**
Ursprung:	Deutschland
Stockmaß:	145–170 cm
Farben:	meistens Braune oder Schwarzbraune, seltener Füchse oder Schimmel
Körper:	meistens im Vollbluttyp stehend, aber auch Warmbluttypen
Kopf:	meistens im Vollbluttyp stehend, aber auch Warmbluttypen
Hals:	meistens im Vollbluttyp stehend, aber auch Warmbluttypen
Hufe:	dünnere Hufsohle als Ponyrassen

Töltende Traber sehen recht uneinheitlich aus. Kräftigere Traber sind zurzeit beliebter als zierliche Rassevertreter.

Haltung

Eine über 150 Jahre während Leistungszucht hat aus Trabern äußerst harte und gesunde Pferde gemacht. Trotzdem können hin und wieder gesundheitliche Probleme auftreten, wenn Traber von der Rennbahn kommen und dort zu früh oder über ihr Leistungsvermögen hinaus trainiert wurden. Das muss nicht unbedingt sein, kommt aber immer wieder vor.

Werden Traber pferdegerecht aufgezogen und ausgebildet, erreichen sie oft ein sehr hohes Alter von bis zu 30 Jahren. Sie bleiben lange leistungsbereit und temperamentvoll. Ihre Herz- und Lungenleistung ist enorm. Aufgrund ihrer robusten Gesundheit fühlen sich Traber auch in gepflegten Offenställen wohl.

Günstig

Traber, die auf der Rennbahn keine Zukunft haben, werden oft relativ preisgünstig abgegeben. Das sollte jedoch nicht darüber hinwegtäuschen, dass die Haltung dieser Pferde ebenso kostspielig ist wie die anderer Rassen. Es ist nicht damit getan, den Kaufpreis für ein Pferd aufzubringen. Unterbringung, Tierarzt, Hufschmied und die Ausbildung des Trabers haben ihren Preis. Deshalb sollte man sich nicht verführen lassen.

Inzwischen gibt es auch Trainingsställe, die sich auf die Zucht und Ausbildung Töltender Traber spezialisiert haben. Freizeitreiter, die noch keine Erfahrung mit dieser im Rheinischen Pferdestammbuch registrierten Rasse haben, sind sicherlich gut beraten, sich an solche Experten zu wenden.

Amerikanische Rassen

Appaloosa

Jeder Appaloosa ist einzigartig. Das grenzt an ein Kunststück. Schließlich gibt es weltweit rund 670 000 bunte Allrounder. Und tatsächlich sieht jeder einzelne anders aus. Somit führt die Farbvielfalt die wichtigsten Merkmale des Appaloosas an. Gleich gefolgt von der sogenannten Mottled Skin: gefleckte Hautpartien, die überall dort zu sehen sind, wo wenig Fell wächst. Auch eine weiß umrandete Augeniris und vertikal gestreifte Hufe sind typisch Appaloosa.

Das überschäumende Temperament trügt: „Appis" gelten als ausgeglichen und umgänglich.

ein Fehler, die Unerschütterlichkeit des Appaloosas mit mangelndem Temperament gleichzusetzen. Das haben die ausgefallen gezeichneten Pferde durchaus. Sie sind jedoch bemüht, alles richtig zu machen und werden ihren Reiter nicht mit unerwarteten Kapriolen in Angst und Schrecken versetzen.

Stattdessen überzeugen die Pferde mit den Menschenaugen durch Aufmerksamkeit und einen eifrigen Lernwillen. Bei richtiger Anleitung begreifen sie schnell, worauf es bei Westerndisziplinen, klassischer Dressur oder auch beim Springen ankommt. Auch an Zirkuslektionen haben „Appis" meistens sehr großen Spaß.

Appaloosas erleben seit vielen Jahren einen regelrechten Boom. Viele Freizeit- und auch Turnierreiter haben erkannt, dass die robusten, harmonisch gebauten Amerikaner für alles zu haben sind. Ihre Nervenstärke ist legendär. Ihre Trittsicherheit ebenfalls. Beste Voraussetzungen also, um im Turniergetümmel Ruhe und beim Wanderritt Balance zu bewahren.

Nerven wie Drahtseile

Ausgeglichenheit und Menschenbezogenheit werden den Appaloosas nachgesagt. Das kann jeder bestätigen, der diese Pferde einmal hautnah erleben durfte. Allerdings ist es

Die intelligenten Unikate machen vieles mit.

Nez Percé-Indianer

Vielseitig und hart im Nehmen war die bunte Rasse schon immer. Auch damals, als sie die Nez Percé-Indianer auf einem tragischen Treck begleitete.

Der Name Nez Percé kommt aus dem Französischen und bedeutet so viel wie „durchbohrte Nase". Diesen Namen hatten französische Einwanderer am Anfang des 18. Jahrhunderts dem Nasenschmuck tragenden Indianerstamm gegeben, der bunte Pferde für Kriegsdienste, für die Büffeljagd und als Lastentiere züchtete.

Die Nez Percé gelten als erste Indianer überhaupt, die selektive und zielgerichtete Pferdezucht betrieben. Sie lebten entlang des Palouse Rivers, der schließlich zur Rassebezeichnung Appaloosa beitrug.

1877 wurden die Nez Percé und ihre Pferde durch General Howard aus ihrer Heimat vertrieben. Auf dem unmenschlichen Weg ins Reservat starben viele Stammesmitglieder und insgesamt rund 900 Pferde. Es kam zum Krieg zwischen Indianern und Weißen. Die Nez Percé hatten gegen die weiße Übermacht nichts auszurichten und flohen mit ihren bunten Pferden über 2500 Kilometer weit Richtung Kanada. Kurz vor der Grenze ergriff sie die Armee und beschlagnahmte alle Appaloosas. Viele Amerikaner hatten den menschenunwürdigen Treck aufmerksam verfolgt. Dementsprechend groß war das Interesse an den robusten Pferden.

Bunte Allrounder

Name:	Appaloosa
Ursprung:	USA
Stockmaß:	142–165 cm
Farben:	13 Grundfarben (Bay, Dark Bay oder Brown, Black, White, Buckskin, Chestnut, Dun, Gray, Grulla, Palomino, Red Roan, Blue Roan) mit sechs Coat Pattern (Blanket, Spots, Roan, Roan Blanket, Roan Blanket with Spots, Solid)
Körper:	harmonisch; schräge, bemuskelte Schulter; kurzer, kräftiger Rücken
Kopf:	klein, zum Pferd passend
Hals:	mittellang
Hufe:	vertikal gestreift

Gerettet

Die Armee versteigerte die Pferde und erzielte Höchstpreise. Der Rasse kam das nicht zugute. Die Pferde wurden in alle Winde zerstreut und willkürlich verpaart.

Dank des Engagements einiger weniger Züchter starb die Rasse aber nicht aus, sondern stand bald wieder auf – wenn auch recht wackeligen – Beinen. Dass Appaloosas einmal zu einer der am stärksten vertretenen Rassen überhaupt gehören würden, hat damals vermutlich niemand geahnt.

Eine relativ neue Kreation sind Arappaloosas, eine Kreuzung aus Vollblutarabern und Appaloosas.

Curly Horse

Ihre Mähnen erinnern an Dreadlocks und ihr Fell an das eines Pudels. Außergewöhnlich für Pferde, und doch gibt es eine Rasse, die gelockt durchs Leben galoppiert. Curly Horses ziehen nicht nur aufgrund ihrer Optik Interesse auf sich: Sie sollen sogar für Pferdehaar-Allergiker geeignet sein. Außerdem glänzen die gelockten Schönheiten in vielen Sparten der Reiterei. Doch die aus den USA stammenden Curlys sind selten, man sieht sie nicht oft.

Im Sommer sind die Locken nicht so stark ausgeprägt wie im Winter.

▶ Lockenschöpfe

Name:	Curly Horse
Ursprung:	USA
Stockmaß:	140–160 Zentimeter
Farben:	alle
Körper:	harmonisch proportioniert
Kopf:	viele unterschiedliche Typen
Hals:	viele unterschiedliche Ausprägungen
Hufe:	gute Hornqualität

Zugegeben, Curly Hoses sind außergewöhnlich. Das ist im Winter schon von weitem zu sehen. In der kalten Jahreszeit treiben die Locken der amerikanischen Rasse besonders wilde Blüten. Aber auch das kurze Sommerfell ist gewellt. Feuchtigkeit – sei es Schweiß oder Regen – bringt den perfekten Wuschel-Look. Mähne und Schweif geben sich unabhängig von der Jahrszeit extravagant. Die Ausprägung der Lockenpracht ist hier jedoch ganz individuell: Manche Curlys haben einen extrem gelockten Behang, andere eher dezente Wellen. Und sogar ihre Wimpern sind gewellt.

Zuverlässige Partner

Man muss kein Allergiker sein, um sich für ein Curly Horse zu entscheiden. Denn die Rasse hat viele Eigenschaften, die sie sowohl für Freizeitreiter als auch für den Turniersport prädestiniert. Die menschenbezogenen Pferde werden in ihrer Heimat Nordamerika zur Rancharbeit eingesetzt. Man sieht sie sowohl bei Westernturnieren als auch in klassischen Disziplinen wie Dressur und Springen. Auch als Therapiepferde eignen sich Curlys. Sie lieben die Nähe zu Menschen und stellen sich schnell auf sie ein. Im Gelände machen sie auch eine gute Figur. Sie arbeiten sich trittsicher durch alle Bodenverhältnisse und sind zuverlässige Partner beim Wanderritt.

Curly Horses gibt es in vielen wunderschönen Farben.

Extrem robust

Im Gelände kommt Curlys ihre Robustheit zugute. Und für die ist die Rasse seit über 100 Jahren bekannt. Das behauptete zumindest ein Farmer aus dem US-Bundesstaat Nevada, der in einer Mustang-Herde Curlys aufspürte. Er fing sie ein, ritt sie zu und arbeitete mit ihnen. Dann kam ein eisiger Winter. Viele der Pferde des Farmers starben. Alle Curlys überlebten. Nach diesem Erlebnis beschloss der Amerikaner, nur noch gelockte Pferde zu züchten. Sie waren offensichtlich robuster und anspruchsloser als die anderen.

Später erfolgten Einkreuzungen mit einem Morgan Horse und einem Araber. Dann kamen Quarter Horses und Missouri Foxtrotter hinzu. Hierbei entstanden unterschiedliche Curly-Typen. Bis heute lässt die Rasse – abgesehen von ihrem gelockten Fell – Einheitlichkeit vermissen. Wobei nicht einmal alle Curlys Locken zeigen: Manche vererben dieses Merkmal nur.

▶ Für Allergiker geeignet

Die Optik ist das eine, die unterdrückten Allergene das andere Merkmal der Curlys. Es gibt Pferdehaar-Allergiker, die beim Umgang mit einem gelockten Pferd keine Probleme haben. Der Grund hierfür wurde bereits wissenschaftlich untersucht: Man fand heraus, dass die Hautzellen der Curlys andere Proteinmuster aufweisen. Außerdem bilden die Lockenschöpfe vermehrt Talg, das bindet Allergene. In der Regel sind es nicht die Haare eines Pferdes, die für tränende Augen und laufende Nasen sorgen, sondern die Hautschuppen. Und gerade die haben es bei dicht gelocktem Fell besonders schwer. Sie gelangen nicht an die Luft und können folglich auch nicht vom Allergiker eingeatmet werden. Ob dieser sein Pferd putzen kann, hängt von der Intensität der Beschwerden ab.

Morgan Horse

Morgan Horses sind überaus elegante Erscheinungen. Das liegt an ihrer hohen Aufrichtung und der Leichtfüßigkeit, mit der sie über den Boden schweben. Kein Wunder, dass die amerikanische Rasse gerne im anspruchsvollen Show-Bereich eingesetzt wird. Kaum ein Pferde-Liebhaber kann sich dem Charme der spritzigen und dabei sanftmütigen Pferde entziehen. Nicht minder faszinierend ist ihre Geschichte: Morgan Horses gibt es seit über 200 Jahren.

Dr. Nathalie Penquitt und ihre Morgan Horse-Stute Amber beherrschen viele Zirkuslektionen.

Einfach funktionieren? Das ist für ein Morgan Horse undenkbar. Die intelligenten Spätentwickler bedürfen eines erfahrenen, einfühlsamen Ausbilders. Wer versucht, sich mit Druck und Zwang bei ihnen durchzusetzen, erleidet Schiffbruch. Groben Umgangsformen begegnen Morgan Horses mit Nervosität und Verunsicherung. Wer sie mit liebevoller Konsequenz und Kompetenz ausbildet, darf sich hingegen über einen zuverlässigen Freizeitpartner freuen. Und das unter dem Sattel und auch vor der Kutsche.

Stimmt die Chemie zwischen Pferd und Mensch, entfalten Morgan Horses einen enormen Leistungswillen. Sie lernen gerne und schnell. Was sie einmal verstanden haben, wird nie wieder vergessen. Abwechslung und anspruchsvolle Beschäftigung sind ganz wichtig für die traditionsreiche Rasse.

Stammvater Figure

Eine über 200-jährige Geschichte prägt den Weg des Morgan Horses. Alles begann 1789, als Figure, der Stammvater der Rasse, geboren wurde. Der braune Hengst mit schwarzem Behang begeisterte alle mit seiner hohen Aufrichtung. Auch seine ausdrucksstarken Augen faszinierten. Hinzu kam sein hervorragendes Exterieur und die Verschmelzung von Temperament und Sanftheit – Eigenschaften, die Figure zuverlässig an seine Nachzucht vererbte.

Figure war nur 140 Zentimeter groß. Dennoch rückte er mit Feuereifer schwere Baumstämme und stellte damit die gesamte kaltblütige Konkurrenz in den Schatten. Sein Besitzer, der Lehrer Justin Morgan, verstand es, seinen Hengst zu vermarkten. So wurde auch die Rasse nach ihm benannt.

Figure beschloss seine Karriere als Paradepferd und gefragter Deckhengst. Er legte den Grundstein für eine Pferdeära, die Mitte des 19. Jahrhunderts die amerikanische Trab- und Galoppszene beherrschte. Gleichzeitig erkannte die Armee, dass Morgan Horses hervorragende Kavalleriepferde abgaben.

Veredler

Von diesen herausragenden Qualitäten wollten sich auch andere ein Scheibchen abschneiden.

So halfen Morgan Horses bei der Veredlung verschiedener Rassen wie zum Beispiel Quarter Horses, Saddlebreds und Tennessee Walkers. Sie vererbten nicht nur Schönheit und ein umgängliches Wesen, sondern auch

▶ Stolze Eleganz

Name:	**Morgan Horse**
Ursprung:	USA
Stockmaß:	145–160 cm
Farben:	meistens Braune, Rappen und Füchse, aber auch Palominos und andere, keine Schecken
Körper:	ausgeprägter Widerrist, breite Brust, kurzer, muskulöser Rücken
Kopf:	edel, trocken, breite Stirn
Hals:	hoch aufgerichtet
Hufe:	kräftig, rund

harte Hufe, stabile Gelenke und ein gutes Fundament.

In den USA unterscheidet man heute unterschiedliche Morgan Horse-Blutlinien: Bei den sogenannten Park Horses steht eine hohe Knieaktion im Vordergrund. Viele Sportpferde gehen hingegen auf die Zuchtlinie der Government Farm zurück. Für Freizeitreiter sind Morgan Horses im Sportpferdetyp die klügere Wahl. Eine hohe Knieaktion würde zu Lasten des Leistungsvermögens gehen.

▶ Staatliche Förderung

Der Name Government Farm kommt nicht von ungefähr. In der Tat förderte die US-Regierung ganz offiziell die Morgan Horse-Zucht. Allerdings nur bis 1950 – dann versiegten die Förderungsgelder. Die Universität von Vermont und Privatzüchter übernahmen schließlich die Aufgabe der Zuchtförderung. In Vermont wird das Zuchtbuch geführt und dort gibt es auch ein interessantes Rassemuseum.

Auch in ihrer eigenen Freizeit setzt Nathalie Penquitt auf Morgan Horses.

Paint Horse

Paint Horses sind vor allem bei den Freunden der Western-disziplinen beliebt. Aber auch englisch versierte Reiter satteln mitunter gerne bunte Pferde. Warum auch nicht? Die gescheckten Quarter Horses – denn nichts anderes sind Paint Horses – eignen sich ganz hervorragend zum Freizeitreiten. Natürlich bringen sie alle Voraussetzungen eines vielseitigen Westernpferdes mit. Sie können sich aber auch für Geländeritte und Dressur begeistern.

▶ Quadratisch, praktisch, bunt

Name:	**Paint Horse**
Ursprung:	USA
Stockmaß:	145 – 165 cm
Farben:	gescheckt
Körper:	schräge, muskulöse Schulter; gut ausgeprägter Widerrist, kurzer Rücken
Kopf:	klein, keilförmig
Hals:	lang, schlank, gut angesetzt
Hufe:	fest

Quarter Horses gehören nicht umsonst zu den beliebtesten Pferderassen weltweit. Das liegt an ihrer hohen Rittigkeit, ihrem gutmütigen Wesen und ihrer Wendigkeit.

All das lässt sich auch auf das Paint Horse übertragen. Inklusive dem enormen Speed, den die amerikanischen Arbeitspferde auf kurzen Strecken entwickeln können. Die gescheckte Variante des Quarter Horses hat deshalb auch viele Freunde. Sehr viele sogar: Die American Paint Horse Association (APHA) gehört zu den am schnellsten wachsenden Pferdeverbänden überhaupt.

Inzwischen ist die Paint Horse-Zucht die zweitgrößte Pferdezucht Nordamerikas – nach dem Quarter Horse.

Weißanteil entscheidet

Somit bleibt der Erfolg in der Familie. Denn schließlich haben viele Paint Horses mindestens ein Elternteil mit Quarter Horse-Papieren. Bei einigen sind auch beide Eltern Quarter Horses. Es ist ganz einfach: Sobald ein Quarter-Fohlen mehr Weißanteil hat als es der Standard zulässt, kann es nicht als Quarter Horse eingetragen werden. Aus dieser Entscheidung heraus wurde Anfang der 60er-Jahre des letzten Jahrhunderts die APHA gegründet. Dort werden sowohl Quarter Horse-Fohlen mit zuviel Weiß als auch Fohlen aus reinen Paint Horse-Verpaarungen eingetragen.

Unkompliziert

Paint Horses sind nicht nur bunt, sondern auch sehr unkomplizierte Freizeitpferde. Sie können ganzjährig im Herdenverband in einem Offenstall gehalten werden. Ihr freundliches, gutmütiges Wesen macht sie zu sozialen Herdenmitgliedern.

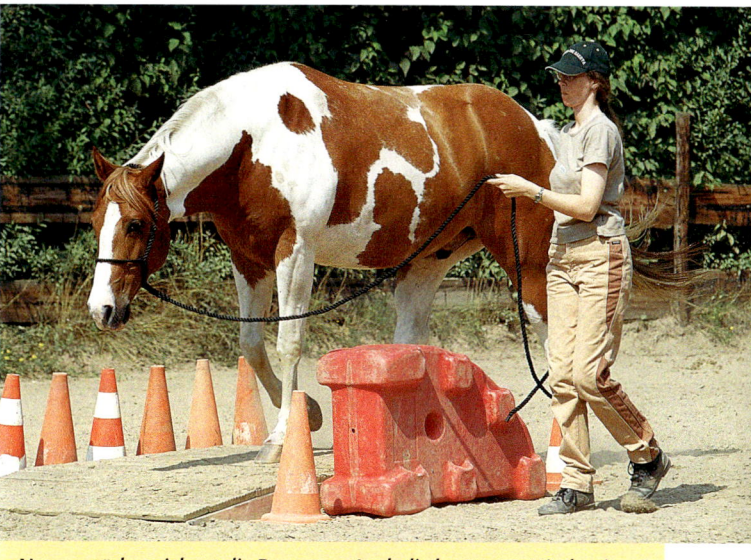

Nervenstärke zeichnet die Rasse aus. Auch die buntesten Hindernisse lassen die smarten Westernpferde völlig kalt.

Das Einreiten und Einfahren bereitet in der Regel keinerlei Schwierigkeiten. Einschränkungen gibt es höchstens, wenn man sich für einen leichten Reining-Typ entscheidet. Diese Paint Horses sind oft kleiner als 150 Zentimeter Stockmaß und deshalb nicht für große, schwere Reiter zu empfehlen.

Es gibt auch Paints mit über 160 Zentimeter Stockmaß. Sie werden vor allem für die Englischen Reitklassen Hunter under Saddle und Hunter Hack gezüchtet.

Paint Horses haben ein cooles Gemüt. Trotzdem sollte eine solide Ausbildung nicht zu kurz kommen. Bodenarbeit und Training im Round Pen sind gute Ergänzungen zum Ausritt. Und das eine oder andere Westernturnier sollte man auch einmal besuchen. Die Schecken gehören dort zu den absoluten Publikums-Lieblingen.

▶ Tobiano und Overo

Die Scheckung ist natürlich unabhängig von der Größe des Paints vorhanden. Die APHA unterscheidet zwei Grundmuster: Tobiano und Overo. Tobiano erinnert entfernt an die Scheckung einheimischer Kühe. Die Beine des Pferdes sind hierbei weiß und die weiße Zeichnung kreuzt auch die Rückenlinie. Tobianos haben meistens Köpfe ohne viel Weißanteil. Alles, was sich nicht eindeutig diesen Kriterien zuordnen lässt, wird kurzerhand als Overo bezeichnet. Dabei kennt die APHA unter anderem drei unterschiedliche Muster: Frame Overo, Sabino und Splashed White. Frame-Overo ist besonders begehrt. Die weiße Zeichnung geht hierbei vom seitlichen Bauchbereich aus. Die Beine sind meistens dunkel und der Kopf mit hohem Weißanteil. Leider tritt bei dieser Farbvariante manchmal das sogenannte Overo Lethal White Syndrom auf. Davon betroffene Fohlen sind weiß und nicht lebensfähig.

Pinto

Manche bezeichnen Pintos als Wesen aus Licht und Schatten, andere als Indianer-Pferde. Dabei ist es gleich, um welche Rasse es sich handelt. Um die Farbe geht es, und auf die wollen Schecken-Fans keinesfalls verzichten. Bunte Schönheiten sind nicht nur das Markenzeichen der Pintos, sondern kommen auch bei Shetland Ponys, Islandpferden und vielen anderen Rassen vor. Es gibt Pintos jeder Größe und jedes Temperaments – für jeden genau das Richtige.

Paint Horses – farbige Pferde. Bei ihnen ist der Name Programm. Aber es gibt auch jenseits dieser US-Variante zahlreiche Rassen und Rassekreuzungen, bei denen Schecken vorkommen.

Freunde arabischer Pferde dürften ihr Herz für Araber Pintos erwärmen, die dem Typ des Vollblutarabers sehr nahekommen, aber ein buntes Gewand tragen. Anhänger der klassisch-barocken Reitweise schwärmen eher für Andalusier, Berber, Friesen oder Lipizzaner, müssten bei diesen Rassen jedoch auf die attraktive Scheckung verzichten. Also wurden die barocken Klassiker mit Farbvererbern verpaart und die Variante Barockpinto geschaffen.

Doch damit nicht genug: Es gibt Schecken im Warmbluttyp, bunte Ponys, gescheckte Gangpferde und kunterbunte Fahrpferde. Ob 1,18 Meter Stockmaß klein oder über 1,65 Meter Stockmaß groß, ob 120 Kilogramm leicht oder 650 Kilogramm schwer: Es gibt kaum einen Pferdetyp, der nicht auch als Schecke zu haben ist.

Ein bisschen Araber und ein bisschen Westernpferd: Bei Pintos fließen viele Rassen zusammen.

Zehn farbige Rassen

Die bunte Vielfalt unter einen Hut zu bringen, ist nicht einfach. Dieser Aufgabe hat sich der Deutsche Pinto Zuchtverband (DPZV) angenommen, der gleich zehn farbige Rassen vertritt:

Araber/Pinto Pleasure: Sie sollen aussehen wie Vollblutaraber, aber gescheckftes Fell zeigen, was bei Vollblutarabern nicht vorkommt. Mit einem Stockmaß von 1,45 Meter bis 1,60 Meter gehören Araber/Pinto Pleasure zu den mittelgroßen Bunten.

Barockpinto: Als warmblütiges Reitpferd mit hoher Knieaktion erobern Barockpintos die Herzen der Scheckenfans. Sie sind zwischen 1,45 Meter und 1,65 Meter groß.

Pinto/Deutsches Warmblut: Die Rubrik Pinto/Deutsches Warmblut vereint im Sportpferdetyp stehende Schecken ab einem Stockmaß von 1,58 Meter. Die geschecften Warmblüter sind ideal für den Dressur-, Spring- und Fahrsport.

Pinto/Deutsches Reitpony: Klein, aber fein – so wirken diese zwischen 1,18 Meter und 1,48 Meter großen Schecken, die den Typ des edlen Reitponys verkörpern. Die Kategorie Pinto/Deutsches Reitpony ist ein Fundus für Kinder, Jugendliche und leichte Erwachsene.

Pinto-Gangpferd: Die zwischen 1,48 Meter und 1,65 Meter großen, warmblütigen Reit- und Wagenpferde überzeugen durch Komfort. Sie sind herrlich bequem zu sitzen und ihre hohe Knieaktion sieht auch noch richtig gut aus.

Pinto/Kleines Deutsches Reitpferd: Springvermögen, Temperament und Rittigkeit prädestinieren Pintos, die unter die Kategorie „Kleines Deutsches Reitpferd" fallen, für Dressur, Springen und Fahren. Als Stockmaß wird eine Mindestgröße von 1,58 Meter gefordert.

Lewitzer: Sie sind echte „Ossis" – schließlich sind Lewitzer die einzige originär aus der ehemaligen DDR stammende Pferderasse. In den 70er-Jahren bei Schwerin entstanden, drohte den 1,30 Meter bis 1,48 Meter Stockmaß großen Ponys bei der Wende fast der Untergang.

Schweres Warmblut/Kaltblut: In dieser Kategorie werden alle Pintos eingetragen, die

Kinder und Jugendliche sind von den bunten Pferden besonders angetan.

dem Zuchtziel des schweren Warmbluts entsprechen.

Pinto-Stock: Paint Horses, Paint Horse-Kreuzungen und Scheckanpaarungen mit Quarter Horses werden als Pinto-Stock bezeichnet. Bemuskelung, eine mittlere Größe von 1,45 Meter bis 1,60 Meter Stockmaß und eine quadratische Statur machen Pinto-Stocks zu idealen Western- und Freizeitpferden.

Tinker: Gutmütig und ausgeglichen sind Tinker, deren Stockmaß zwischen 1,35 Meter und 1,60 Meter rangiert. Die englische Rasse ist auch in Deutschland und der Schweiz anerkannt und besonders bei Freizeitreitern sehr beliebt.

Quarter Horse

Mit über vier Millionen eingetragenen Pferden gilt die Rasse Quarter Horse als zahlenmäßig größte der Welt. Und es gibt gleich noch einen Superlativ: Quarter Horses sind die schnellsten Pferde der Welt auf einer Distanz von einer Viertelmeile. In über 77 Ländern ist das vielseitige Western-Pferd vertreten. Dabei werden Quarter Horses nicht nur von turnierbegeisterten Western-Fans, sondern auch von Freizeitreitern gesattelt.

Quarter Horses haben im Verhältnis zu ihrem kräftigen Körper einen eher kleinen Kopf.

▶ They do it with a smile

Name:	**Quarter Horse**
Ursprung:	USA
Stockmaß:	145–160 cm
Farben:	alle (außer Schecken)
Körper:	rechteckig, gute Sattellage, ausgeprägte schräge Schulter, mittellanger Rücken, gut bemuskelte Kruppe
Kopf:	kurz, klein
Hals:	mittellang, lange Ober-, kurze Unterlinie
Hufe:	hart, mittelgroß

Quarter Horse – dieser Name geht auf die Quarter Mile Races zurück, die Ende des 18. Jahrhunderts in den amerikanischen Südstaaten beliebt waren. Die Menschen strömten in Massen herbei, wenn die Hauptstraße des Dorfes abgesperrt wurde, um ein 400-Meter-Rennen mit pfeilschnellen Pferden auszutragen. Die schnellsten Pferde dieser Match Races gehören zu den Vorfahren des heutigen Quarter Horses. Das gilt auch für die Pferde, die bei der Eroberung des amerikanischen Westens mit dabei waren. Und für die zuverlässigen Partner der Cowboys.

Ranchpferde

Quarter Horses sind schon seit jeher für ihre Vielseitigkeit bekannt, wie es sich für richtige Ranchpferde gehört. Ganz gleich, ob es um das Treiben einer Rinderherde, um blitzschnelle Wendungen, das Öffnen von Gattern, das Ziehen einer Kutsche oder um Höchstgeschwindigkeit beim Rennen geht – die amerikanische Pferderasse Nummer eins hat ihre Nase in vielen Disziplinen ganz weit vorne.

Und was Kenner besonders schätzen: They do it with a smile! Quarters sind stets mit Freude bei der Sache.

Zuchtrichtungen

Quarter Horses gelten als Allrounder und doch gibt es verschiedene Zuchtrichtungen: Da wären die sogenannten Foundation Horses, die im ursprünglichen Arbeitstyp stehen. Sie führen maximal 20 Prozent Vollblutanteil. Als typischer Vererber dieses Typs gilt King P234. Dann gibt es Cowhorses, die besonders gut für die „Rinderklassen" Cutting und Working Cowhorse geeignet sind. Sie haben Cow Sense – ein angeborenes Gespür für Rinder. Typische Blutlinien gehen auf Doc Bar und Peppy San Badger zurück.

Besonders korrekte und schöne Quarter Horses werden als Halter-Pferde bezeichnet. In den USA gibt es reine Halter-Linien, in anderen Ländern achtet man auch auf Rittigkeit. Impressive und Sir Quincy Dan gelten als typische Halter-Linien.

Der Pleasure und Hunter Typ fällt durch seine Großrahmigkeit und Eleganz auf. Quarter Horses dieses Typs ähneln einem stark bemuskelten Englischen Vollblut. Allerdings werden sie nicht ausschließlich zum Englischreiten eingesetzt. Pleasure und Hunter Pferde sieht man vor allem in den Disziplinen Trail, Western Riding und Horsemanship. Der Hengst Zippo Pine Bar gilt als besonders repräsentativ für diese Zuchtrichtung.

Und dann wären da noch die Rennpferde. In den USA sind Rennen mit Quarter Horses

Beim Bison Cutting kann dieses Quarter Horse zeigen, welche Qualitäten in ihm stecken.

Relativ klein, dafür aber sehr athletisch sind Quarter Horses im Reining Typ. Sie lassen sich leicht trainieren und haben ein fantastisches Galoppvermögen. Berühmte Reining-Vererber sind Hollywood Dun It und Mr. Gunsmoke.

nach wie vor ausgesprochen populär. Das höchst dotierte Pferderennen der Welt, das All American in New Mexico, ist ein solches Rennen. Rennblutlinien wie die des Hengstes Dash for Cash genießen einen geradezu legendären Ruf.

Wildpferde

Dülmener Wildpferd

Der Wildpferdefang im Merfelder Bruch bei Dülmen ist weit über Deutschlands Grenzen hinaus bekannt. An jedem letzten Samstag im Mai ist es so weit. Dann lädt die Herzog von Croy'sche Verwaltung zum Junghengste-Fangen, und das jedes Jahr seit 1907. Die Tiere müssen mit bloßer Hand, ohne Hilfsmittel, eingefangen und von der Herde separiert werden. Danach werden sie gebrannt, verkauft und einige auch verlost. Bis zu 30 000 Besucher wohnen dem Spektakel bei.

Während die Stuten ein Leben in Freiheit führen, gelangen Dülmener Hengste dank Wildpferdefang auch in die Hände ponybegeisterter Reiter. Die etwa 140 Zentimeter großen Pferde sind bei Freizeitreitern beliebt.

Die Ausbildung der Dülmener ist jedoch nicht zu unterschätzen. Wer einen Jährling kauft, hat ein Wildpferd im Stall. Es ist weder an ein Halfter noch ans Hufegeben gewöhnt. Manche erleben das Einfangen auch als traumatisches Erlebnis und begegnen Menschen erst einmal mit Scheu und Misstrauen. Doch wer sich Zeit nimmt und das Know-how hat,

Der Eindruck trügt. Dülmener Wildpferde leben nicht wirklich frei, sondern in einem eingezäunten Gelände.

▶ Harte Auslese

Name:	Dülmener Wildpferd
Ursprung:	Deutschland
Stockmaß:	125–140 cm
Farben:	Dunkelbraun, Mausfalb, Gelb- bis Braunfalb
Körper:	gute Schulterlage; kurzer, muskulöser Rücken
Kopf:	recht edel
Hals:	gut aufgesetzt, ausreichend lang
Hufe:	klein, wohlgeformt, hart

ein „rohes" Pferd auszubilden, vermag ein Dülmener Wildpferd zu einem zuverlässigen Freizeitpartner zu machen.

Primitiv-Pferderasse

Dülmener Wildpferde sind echte Raritäten. Sie gehören zu den letzten europäischen Primitiv-Pferderassen, die seit Jahrhunderten wild leben – mehr oder weniger zumindest. Die Ausgeglichenheit und das freundliche Wesen der Ponys aus dem Merfelder Bruch machte sie seit jeher zu beliebten Helfern. Milchkutscher, Kleinhändler und auch

Kein Schmied, keine tierärztliche Versorgung: So sollen möglichst authentische Lebensbedingungen geschaffen werden.

Gärtnerbetriebe spannten die mittelgroßen Dülmener im wahrsten Sinne des Wortes gerne ein.

Natürliche Haltungsbedingungen schufen eine robuste Rasse, die mit wenig Futter auskommt, lange lebt und fruchtbar ist. Obwohl diese Eigenschaften für alle Dülmener gelten, gibt es doch Typunterschiede, die Einkreu zungen anderer Rassen zuzuschreiben sind. Am seltensten sind Dunkelbraune, gefolgt von Gelb- und Braunfalben. Am häufigsten sind Mausfalben. Der dunkelbraune Typ ist am edelsten und etwas kleiner als die anderen. Charakteristisch ist auch das sogenannte Mehlmaul. Die größeren und gröberen Typen zeigen einen Aalstrich und oft auch Zebrastreifen an den Beinen. Manchmal sieht man auch andere Farben in der Herde, nur Schimmel, die gibt es nicht.

Wildbahnponys

Dülmener Pferde gehören zu den „Wildbahn-Ponys". Früher gab es in Westfalen mehrere davon. Dort lebten unter anderem Daverts, Klei-Pferde und „Dickköppe". Ihr Lebensraum wurde längst von der modernen Welt überlagert. Der Merfelder Bruch ist eine Ausnahme, aber weit davon entfernt, ein wirklicher Wildpferde-Lebensraum zu sein (auch wenn auf Tierärzte und Hufschmiede konsequent verzichtet wird). Wie sollte er auch, mit seinen Zäunen und Gattern und der für die rund 200 Pferde doch sehr eingeschränkten Fläche?

Kritiker bemängeln, dass stellenweise noch immer Stacheldraht als Umzäunung eingesetzt wird. Außerdem seien die Grasflächen überweidet und kotverseucht. Bei der winterlichen Heufütterung gebe es eine starke Ausbreitung von Parasiten. Jahr für Jahr gibt es Stuten und Fohlen, die den Winter nicht überstehen. Was die einen empört, wird von anderen als natürliche Auslese bezeichnet.

Seit 1988 gibt es eine Interessengemeinschaft, die die Rasse bekannter machen und ihre Vielseitigkeit zeigen möchte. Zuchtprogramme außerhalb des Merfelder Bruchs werden durch die Tatsache erschwert, dass keine Stuten mehr das Gehege verlassen dürfen.

Mustang

Für viele sind Mustangs der Inbegriff des Wildpferdes schlechthin. Dabei sind die nordamerikanischen Wilden nichts anderes als die Nachfahren verwilderter Hauspferde. Alle ihre Vorfahren ließen sich einst satteln oder vor die Kutsche spannen. Einige entkamen, weil ihr Reiter in der Wildnis verunfallte oder weil Farmer sie zurückließen. Manche brachen einfach aus schlecht umzäunten Ausläufen aus oder ließen sich von wilden Leithengsten „entführen".

Die Pferde der spanischen Konquistadoren gehören zu den ersten Vorfahren der heutigen Mustangs. Schon 1680 sollen bei einem Kampf zwischen spanischen Eroberern und Pueblo-Indianern rund 1000 Pferde in die Wildnis entkommen sein. Ihre genetischen Spuren dürften heute noch in einigen Mustangs verankert sein. Auch Berber- und Araber-Blutlinien flossen mit ein.

Viele Amerikaner profitierten von dem vielfältigen Pferdeangebot, das der Norden der USA bot. Cowboys fingen sich bei Bedarf Wildpferde ein und ritten sie zu. Auch bei Rodeos wurden und werden wild bockende Mustangs zur Schau gestellt. Nicht nur die Einwanderer, sondern auch die Ureinwohner des Kontinents entdeckten die Vielseitigkeit der wilden Pferde. Im 18. und 19. Jahrhundert setzten viele Indianerstämme Mustangs als Reit-, Zug- und Lastenpferde ein.

Zurück zum Urpferd

Doch obwohl Mustangs auf domestizierte Pferde zurückgehen, scheinen ihre alten Instinkte neu aufgeflammt zu sein. Hierzu gehören Eigenschaften wie ein ausgeprägtes Sozialverhalten im Herdenverband oder Wanderungen von Weidefläche zu Weide-

Dieser kleine Mustang hat sein Halfter zerrissen und kehrt zurück in die Freiheit.

Auch diese Stute mit Fohlen wollte kein Leben in Gefangenschaft führen.

fläche und ein extremes Misstrauen gegenüber Menschen. Auch optisch hat es Veränderungen gegeben: Es gibt Mustangs, die falbfarben sind und einen Aalstrich haben. Zebrastreifen an den Beinen tauchen immer häufiger auf. Beides kennt man von anderen primitiven Rassen wie Sorraias, Tarpanen oder Dülmener Wildpferden.

Mustangs befinden sich offensichtlich in einer Rückentwicklung hin zum Urpferd. Sie leben lange, sind sehr fruchtbar und ausgesprochen fit.

Mit Hubschraubern gehetzt

Zu Hochzeiten sollen laut verschiedenen Berichten über zwei Millionen Mustangs durch die nordamerikanischen Steppen gezogen sein. Heute sind es nur noch circa 32 000. Was ist mit den anderen geschehen? Schlimme Dinge.

Viele Farmer sahen ihre Weideflächen durch die großen Mustang-Herden bedroht. Um wirtschaftlichen Schaden zu vermeiden, wurden Mustangs seit Anfang des 20. Jahrhunderts gejagt, abgeschossen und mit Hubschraubern zu Tode gehetzt. Ihr Fleisch wurde tonnenweise zu Hunde- und Katzenfutter verarbeitet. Das rief engagierte Tierschützer auf den Plan, die sich vehement für den Schutz der Mustangs einsetzten. Sie haben Erfolge erzielt, allerdings stehen die

offiziellen Registrierungs-Programme in dem Ruf, recht halbherzig betrieben zu werden. Den meisten Farmern sind wilde Pferde nach wie vor ein Dorn im Auge. Und ihre Lobby ist stark.

2004 erlitten die Bemühungen, Mustangs zu schützen, einen Rückschlag. Es ist wieder erlaubt, Mustangs unter bestimmten Bedingungen zu fangen und an Schlachthöfe zu verkaufen. Da in den USA kaum Pferdefleisch verzehrt wird, beliefert man andere Länder, in denen es als Delikatesse gilt. Der Preis pro Pferd liegt nicht selten unter 100 Dollar. Kritiker sehen darin eine akute Bedrohung des Mustang-Bestandes.

▶ Verwildert

Name:	**Mustang**
Ursprung:	USA
Stockmaß:	durchschnittlich 140–150 cm
Farben:	alle, zunehmend Mausfalben
Körper:	kräftiger Rücken, abfallende Kruppe
Kopf:	oft ramsnasig
Hals:	tief angesetzt
Hufe:	klein, hart

Przewalski-Pferd

Ihren für Westeuropäer schwer auszusprechenden Namen haben Przewalski-Pferde dem russischen General und Asienforscher Nikolaj Michajlowitsch Przewalski zu verdanken. Dabei war er gar nicht der Erste, der die Mongolischen Steppenpferde aufspürte. Das hatte schon der Forscher Colonel Hamilton Smith getan und zwar 1841 – also ganze 38 Jahre vor Przewalski. Dieser brachte kein echtes Pferd mit zurück, dafür aber Fell und Schädel.

Nein, Przewalski hatte kein Wildpferd erlegt, sondern die Trophäen gegen andere Güter eingetauscht. Das reichte, um eine neue Art zu identifizieren, die gleich zu Ehren ihres offiziellen Entdeckers nach ihm benannt wurde.

Später gab es mehrere Expeditionen, die Przewalski-Pferde mit nach Europa brachten. Nicht alle überlebten, aber zumindest einige. Endlich gab es Gelegenheit, die neue Rasse eingehend zu studieren.

Schopf? Fehlanzeige!

Man erkannte, dass die Przewalskis größer als die südrussischen Steppentarpane waren. Ihre Besonderheiten waren von weitem erkennbar. Zum Beispiel der fehlende Schopf und die kecke Stehmähne. Das ist noch heute so. Oft geht ein charakterstarker Ramskopf mit einher. Markant sind auch die kleinen, recht hoch sitzenden Augen.

Anders als ihre Verwandten haben Przewalski-Pferde keinen Schopf.

Eine Gruppe Przewalski-Pferde im Allwetterzoo Münster

Interessanterweise entwickeln die Mongolischen Steppenwildpferde – wie Przewalski-Pferde auch genannt werden – im Winter in der Mähne und am Schweifansatz eine dichte Unterwolle. Das passt ganz hervorragend zum dichten Winterpelz und dem langen Kinnbart. Im Sommer ist das Fell ganz kurz und glänzt in den Farben Rötlich-Gelbbraun bis Gelblich-Rotbraun. Die Farbvielfalt scheint typisch für Przewalski-Pferde zu sein.

Hoch hinaus

Den Namen Steppenwildpferd tragen die stehmähnigen Pferde vielleicht nicht ganz zu Recht. Manchmal zieht es sie hoch hinaus und dann findet man sie in Höhen von über 2500 Metern. Das spricht für eine enorme Anpassungsfähigkeit der Rasse.

Hier enden auch schon fast die Beobachtungen wild lebender Przewalski-Pferde. Bekannt ist noch, dass sie vorzugsweise in Herden von bis zu 20 Tieren leben, und das unter Leitung eines Hengstes.

Populärer sind Beschreibungen in Gefangenschaft lebender Przewalski-Pferde. Das hat einen guten Grund: Viele Wissenschaftler interessierten sich für die urigen Tiere und sandten regelmäßig Fänger aus. Der größte dokumentierte Fang ging auf das Konto der Carl Hagenbeck-Expedition. Zu Beginn des 20. Jahrhunderts fing Hagenbecks Tierfänger Wilhelm Grieger 52 Przewalski-Fohlen ein. 28 erreichten lebend Hamburg. Viele der heute in Zoos und Tierparks lebenden Mongolischen Steppenpferde gehen auf den Hagenbeck-Fang zurück.

▶ Mehr Chromosomen

Vieles unterscheidet Przewalski-Pferde von anderen, so auch ihre Chromosomenzahl. Während andere Pferde 64 Chromosomen haben, weisen die Mongolischen Steppenpferde 66 auf. Sechs der vom österreichischen Verhaltensforscher Eberhard Trumler untersuchten Przewalski-Skelette wiesen 19 statt der für Pferde normalen 18 Brustwirbel auf.

Die mongolischen „Wildlinge" sind seltene Preziosen, die auf jeden Fall schützenswert sind. Da die Rasse in letzter Sekunde, dank gezielter Zucht-Programme in Zoos und Tierparks, vor dem Aussterben gerettet werden konnte, stehen nun wieder Auswilderungen auf dem Programm.

Es gibt mehrere Projekte in der Mongolei und in Hortobágy, der ungarischen Steppe. Nach anfänglichen Auswilderungs-Problemen scheinen verschiedene Projekte allmählich von Erfolg gekrönt zu sein. Auch im ursprünglichen Przewalski-Gebiet, der Mongolei, grasen endlich wieder robuste Pferde mit Stehmähne.

Sorraia-Pferd

Sorraia-Pferde sind eine seltene Rasse, eine bedrohte zudem. In Portugal gibt es drei Gestüte, die sich um den Erhalt des Sorraia-Pferdes bemühen: Das bedeutendste Gestüt wurde 1920 von Dr. Ruy d'Andrade gegründet. Die Sorraia-Zucht wird bis heute von seinem Enkel José Luìs d'Andrade weitergeführt. Die Sorraia-Zuchten der beiden anderen Gestüte, das Gestüt von Dr. Manuel Abecassis und das Nationalgestüt Fonte Boa, gingen aus der d'Andrade-Zucht hervor.

Auf den ersten Blick wirken Sorraias eher unscheinbar und nicht besonders hübsch. Der leichte, trockene Kopf mit der schmalen Stirn und dem konvexen Profil lässt Eigensinn und Sturheit vermuten. Auch die hoch sitzenden, elliptischen Augen und die recht langen Ohren machen Sorraias nicht attraktiver.

Die Färbung des feinen Fells ist unspektakulär; Gelb- und Mausfalb mit Aalstrich sind besonders oft zu sehen. Maul und Ohrenspitzen sind überwiegend dunkel gefärbt. Interessant sind die Zebrastreifen, die sich bei vielen Sorraias an den Beinen hinunterziehen. Fohlen weisen häufig auch Zebrastreifen an Hals, Widerrist und Kruppe auf.

Sorraias erreichen eine Widerristhöhe von durchschnittlich 140 bis 145 Zentimetern; manche sind auch deutlich größer.

Diese beiden Sorraias weisen einen aschgrauen Farbschlag auf. Die Farbe wird auch als „ceniciento" oder „grulla" bezeichnet. Das Sommerfell hat einen silbrig-bläulichen Glanz.

Sorraias gehören zu den vom Aussterben bedrohten Haustierrassen. Zurzeit existieren weltweit nur noch circa 120 bis 130 Exemplare. Ein Großteil davon lebt in Portugal.

Name:	Sorraia
Ursprung:	Portugal
Stockmaß:	140–145 cm
Farben:	überwiegend Gelb- oder Mausfalb mit Aalstrich
Körper:	langes, schräges Schulterblatt; deutlicher Widerrist, kurzer Rücken, lange Kruppe
Kopf:	leicht, trocken, schmale Stirn, konvexes Profil
Hals:	lang, schlank, biegsam
Hufe:	klein, gut geformt

Auf dem Gestüt Font'Alva, das von José Luìs d'Andrade, dem Enkelsohn Dr. Ruy d'Andrades, geleitet wird, werden nach wie vor Sorraia-Pferde gezüchtet.

Mähne und Schweif weisen im dunklen Innenteil helle Haare auf, die nicht selten fast ganz weiß sind. Weiße Abzeichen sind bei reinrassigen Sorraias ungewöhnlich.

Seltene DNA

Auch wenn Sorraias keine Schönheiten sind, können sie einen positiv überraschen. Dann, wenn sie ihre hervorragenden Grundgangarten präsentieren und voller Anmut weit ausgreifend über den Boden schweben. Ihre Bewegungen sind ausbalanciert und elastisch; die Gallopade ist rund und voller Schwung. Ausgezeichnete Springanlagen und die Bereitschaft zum Tölt sind ebenfalls häufig zu beobachten.

Der lange, schlanke Hals ist biegsam und derartig fein mit dem Kopf verbunden, dass eine leichte Beizäumung von Natur aus begünstigt ist. Der deutlich markierte Widerrist, der weit in den Rücken hineinreicht, schafft eine ausgezeichnete Sattellage. Auch das lange, schräg gelagerte Schulterblatt und der schmale Rumpf, der viel Raum für Herz und Lunge bietet, sind typische Rassemerkmale des Sorraia-Pferdes.

Interessant ist, dass bei DNA-Analysen festgestellt wurde, dass keine Verwandtschaft zwischen Sorraias und Berbern, Arabern oder Vollblütern besteht. Lediglich Koniks weisen ähnliche Mutationsmuster auf. Doch wie sich der Zusammenhang zwischen Sorraias und Koniks nun genau gestaltet, muss erst noch erforscht werden.

> # Hirtenpferde

Die sagenhafte Ausdauer und die legendäre Härte des Sorraia-Pferdes machten es zu einem beliebten Arbeitstier der Campinos. Die berittenen Rinderhirten Portugals wussten die Robustheit und Genügsamkeit des urtümlichen Pferdes zu schätzen. Sorraias können lange Strecken mit optimaler Krafteinteilung zurücklegen und trotzen auch bei hohen Anforderungen den widrigsten klimatischen Einflüssen. Sie kommen zudem mit wenig Futter aus.

Heute sind Campinos, die auf Sorraias reiten, zu einem seltenen Anblick geworden. Auf dem Gestüt Font'Alva (d'Andrade) kann man jedoch noch in den Genuss dieses Erlebnisses kommen. Hier sind noch immer Sorraias im Arbeitseinsatz, und es ist ein erhebendes Gefühl, die sensiblen, eifrigen und gelehrigen Pferde bei der Arbeit zu beobachten.

Ihre Schnelligkeit und spektakuläre Wendigkeit ergeben – gepaart mit einem außerordentlich mutigen Wesen – die optimalen Voraussetzungen für die Rinderarbeit.

Tarpan

Eigentlich sind sie seit mehr als 100 Jahren ausgestorben. Tarpane waren einst die Wildpferde der Wald- und Steppengebiete Europas. Dass man heute doch noch einige lebende Exemplare bewundern kann, ist gezielten Rückzüchtungen zu verdanken. Hierzu verwendete man Hauspferde, die dem Tarpan möglichst ähnlich sahen. Die Rückzüchtungen entsprechen dem Vorbild des Ur-Tarpans, der sich nach der Eiszeit kaum veränderte.

Tarpane blicken auf eine lange Geschichte zurück, die bis in die Eiszeit reicht. Schon in der Antike beschrieben Caesar und Tacitus Waldtarpane, die damals die Wälder Europas bevölkerten. Im frühen Mittelalter galten sie jedoch schon als fast ausgestorben – zumindest im westlichen Europa. In Nordostpolen überlebten sie bis ins 18. Jahrhundert. Außerdem gab es noch die Steppentarpane, die vor allem in den Steppen nördlich des Schwarzen Meeres lebten.

▷ Ur-Europäer

Name:	**Steppentarpan** (Equus przewalski gmelini), **Waldtarpan** (Equus przewalski silvaticus)
Ursprung:	Steppentarpan – Steppengebiete nördlich des Schwarzen Meeres, Waldtarpan – europäische Urwälder
Stockmaß:	Steppentarpane waren größer als Waldtarpane.
Farben:	Steppentarpan – Mausfalb, Aalstrich, Waldtarpan – Gelb- bis Braunfalb, Aalstrich
Körper:	Steppentarpan – eher schwer gebaut, Waldtarpan – leichter
Kopf:	Steppentarpan – relativ kurz, zur Nasenpartie hin verjüngend, leicht konkaves Profil, Waldtarpan – ähnlich

Waldtarpan

Waldtarpane gelten als ursprüngliche Wildpferde Europas. Sie bewohnten die Urwälder, nachdem sie sich vermutlich in der Nacheiszeit vom Steppentarpan abgespalten hatten. Die optimal auf das Leben im Wald angepassten Tarpane sollen früher in einem Gebiet gelebt haben, das sich von Frankreich bis nach Polen erstreckte. Die Rodung der Wälder trieb die Wildpferde immer weiter in Richtung Osten. In Polen gab es sie bis ins 18. Jahrhundert hinein. Aber die Landwirtschaft und Industrialisierung verdrängten die Wildpferde immer mehr. Einige wurden eingefangen und Anfang des 19. Jahrhunderts in Tierparks ausgestellt. 1808 verteilte man sie an die lokale Bauernschaft.

Steppentarpan

Im Süden Russlands lebten die recht großen Steppentarpane. Eine graue Fellfarbe und ein schwarzer Aalstrich galten als die

typischen Merkmale. So auch die schwarz gestreiften Fesseln und eine üppig herabhängende Mähne. Mit der Zeit vermischten sich die Steppentarpane immer mehr mit Hauspferden. Um das zu verhindern, machte man Jagd auf sie – so lange, bis es keine mehr gab. 1876 soll der letzte frei lebende Steppentarpan von Jägern zu Tode gehetzt worden sein. Der allerletzte, bekannte Steppentarpan starb kurz darauf im Moskauer Zoo.

Vielleicht war es aber doch nicht ganz der letzte: Denn es soll in den 60er-Jahren des vorigen Jahrhunderts noch neun Tarpane in freier Wildbahn gegeben haben. Sie lebten laut Augenzeugenberichten in der nogaischen Steppe, nördlich der Halbinsel Krim. Versuche, sie lebendig einzufangen, um sie zu schützen, scheiterten.

Rückzüchtung

Dann wurde es einige Jahre still um den Tarpan. Bis 1930, als Heinz Heck im Tierpark Hellabrunn erste Rückkreuzungsversuche unternahm. Er kreuzte einen Przewalski-Hengst mit grauen Islandstuten und mit gotländischen Ponystuten.

In Polen entdeckte Professor Vetulani von der polnischen Akademie der Wissenschaften 1920 ursprüngliche Landpferde: Koniks, die höchstwahrscheinlich mit den um 1808 an Bauern verteilten Waldtarpanen verwandt waren. Sie leisteten einen wertvollen Beitrag zur Rückzüchtung des Tarpans. Darüber hinaus gibt es eine Anzahl weiterer Projekte in verschiedenen Tierparks.

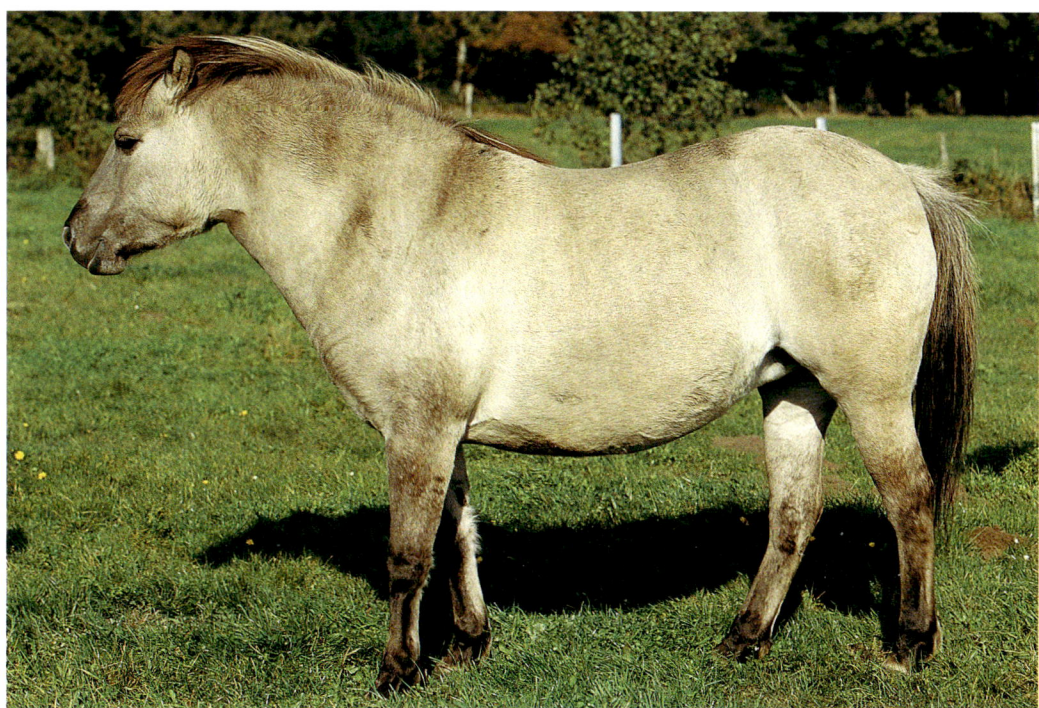

Tarpane wirken weitaus gedrungener als „normale" Pferde.

Vollblüter und Arabische Rassen

Anglo-Araber

Wenn man Englische Vollblüter mit Vollblutarabern verpaart, kommen Anglo-Araber heraus. So weit das Grundrezept dieser leistungsstarken Rasse. Entstanden ist sie Anfang des 19. Jahrhunderts, als die französische Regierung nach Pferden für die Kavallerie fahndete. Das Gestüt Pompadour galt lange als Kaderschmiede der Anglo-Araber-Zucht. 1823 erfolgte die Gründung des französischen Stutbuches. Anglo-Araber sind die älteste Sportpferderasse Frankreichs.

Anglo-Araber stehen im Typ des modernen Sportpferdes. Mit bis zu 165 Zentimeter Stockmaß fallen sie von der Größe her nicht aus dem Rahmen, wenn sie sich mit populären Warmblutrassen wie Hannoveranern oder Holsteinern messen. Was Eleganz und Ausdruckskraft angeht, liegen Anglo-Araber weit vorne. Das Vollblutaraber-Blut sorgt für edle Köpfe und ein feuriges Temperament. Vielseitigkeitsreiter schätzen die für ihre elastische Bewegungsmechanik bekannten Anglo-Araber. Sie haben eine raumgreifende, flache Galoppade, ein hervorragendes Springvermögen und lassen sich gerne fordern.

Im Dressursport stellen Anglo-Araber ihre Gangstärke unter Beweis.

Zuchtwandel

Dabei wurden Anglo-Araber ursprünglich überhaupt nicht für die Sparten gezüchtet, in denen man sie heute sieht. Als erklärter Liebling der Kavallerie zogen die edlen Pferde noch während des Ersten Weltkrieges mit an die Front. Doch das war ihr letzter Einsatz im mörderischen Geschäft.

Nach dem Ersten Weltkrieg wandelte sich die Zucht. Die Gestüte bemühten sich nun, vielseitige Sportpferde und ausdauernde Galopper für die Rennbahnen zu züchten. Dies geschah nicht nur in Frankreich, der Heimat des Anglo-Arabers. Auch in England und Polen entwickelte sich eine bedeutende Zucht mit hohen Zielen. Die polnische Malopolski-Zucht ist weltberühmt.

Trotz der Erfolge und Beliebtheit des Anglo-Arabers in den Nachbarländern hielten sich Deutschland, Österreich und die Schweiz immer zurück. Das ist bis heute so.

Einfluss auf die Warmblutzucht

Die guten Eigenschaften der Anglo-Araber machte man sich auf andere Weise zunutze: Viele dieser Hengste halfen bei der Veredelung der deutschen Warmblutzucht. Angefangen hat dies mit dem französischen Hengst Nana Sahib (geb. 1900), der Einfluss auf die Trakehner Zucht nahm. Es folgten die

▶ Schöne Sportler

Name:	Anglo-Araber
Ursprung:	Frankreich
Stockmaß:	155–165 cm
Farben:	alle
Körper:	lange, schräge Schulter; deutlicher Widerrist; kräftiger, kurzer Rücken
Kopf:	edel
Hals:	gut geformt
Hufe:	klein, hart

▶ 25-Prozent-Klausel

Das Stutbuch der Anglo-Araber erkennt nur Anglo-Araber an, die mindestens 25 Prozent arabische Vorfahren in der vierten Ahnenreihe haben. Es darf sich dabei sowohl um Vollblutaraber als auch um Shagya-Araber handeln. Alle anderen Ahnen müssen reinrassige Englische Vollblüter oder Anglo-Araber sein.

Die Vielfalt der Ausgangsrassen führt zu einem variablen Erscheinungsbild des Anglo-Arabers. Während Reitpferdetypen nicht selten bis zu 75 Prozent Vollblutaraber-Anteil aufweisen, überwiegt bei Renntypen der Einfluss des Englischen Vollblutes.

polnischen Hengste Kurde und Ramzes. Für die moderne Sportpferdezucht setzte man die Anglo-Araber-Hengste Inschallah, Kallistos und Matcho ein.

Nicht nur bei den Warmblütern, sondern auch in der anspruchsvollen Ponyzucht hinterließen Anglo-Araber ihre Spuren. So vertraute man im Zuchtgebiet Weser-Ems auf die Hengste Caid, Aviso und Florist. Der aus England stammende Nazim verwirklichte sich in der westfälischen Reitponyzucht.

Auch die Vielseitigkeit liegt Anglo-Arabern einfach im Blut.

Arabisches Halbblut

Eigentlich handelt es sich beim Arabischen Halbblut um keine eigenständige Rasse. Da das Interesse an Kreuzungen aus Arabern und anderen Rassen aber wächst, führte der Verband der Züchter und Freunde des Arabischen Pferdes (VZAP) die Rubrik „Arabisches Halbblut" als Rassegruppe ein. Bei Freizeit- und Sportreitern sind Arabische Halbblüter gleichermaßen beliebt. Sie vereinen – im Idealfall – die positiven Eigenschaften ihrer unterschiedlichen Ausgangsrassen.

Robustheit, Härte, Ausdauer, Langlebigkeit und Fruchtbarkeit machen ein Pferd für viele Reiter und Züchter attraktiv. Diese Eigenschaften sind das traditionelle Erbe arabischer Pferde, und deshalb werden sie immer wieder in andere Rassen eingekreuzt.

Die Basis der Arabischen Halbblut-Zucht bilden überwiegend Pferde, die aus der Verpaarung von Vollblutaraber-Hengsten mit Stuten anderer Rassen entstanden. Oft ist bei den zur Zucht eingesetzten Stuten bereits ein gewisser Anteil arabischen Blutes vorhanden. Gerne werden Reitponystuten genommen, wobei natürlich alle anderen Rassen ganz und gar nicht ausgeschlossen sind. Pintos, Appaloosas, Quarter Horses, Deutsche Warmblüter und viele andere können zur Zucht herangezogen werden. Und von dieser Möglichkeit wird häufig Gebrauch gemacht.

Ganz schön bunt

Die Züchter Arabischer Halbblüter waren in der Tat sehr experimentierfreudig: Inzwischen gibt es unter anderem Araber-Pintos (Schecken x Araber), Araappaloosas (Appaloosa x Araber), Quarabs (Quarter Horse x Araber) und in den USA auch Pintabians (Pintos x Araber). All dies sind Kreuzungen, die sich besonders im Westernbereich vieler Freunde erfreuen. Trotz dieser Vielfalt, die der Verband der Züchter und

▶ Zuchtziel

Ganz gleich, ob es sich um den klassischen Reitsport oder um Westerndisziplinen handelt: Rittigkeit ist immer ein wesentliches Kriterium der Zucht. Deshalb wird auch beim Arabischen Halbblut auf ein korrektes Fundament und gute Gänge geachtet.

Aber auch das Wesen spielt eine wichtige Rolle für die Freunde Arabischer Halbblüter. Man ist bemüht, Pferde zu züchten, die dem Menschen vertrauen, nicht zu Hysterien neigen und alle Voraussetzungen mitbringen, die ein gutes Freizeit- oder Sportpferd braucht. Es soll einfach Spaß machen, mit diesen Pferden umzugehen. Und die Eleganz des arabischen Pferdes darf dabei natürlich nicht verloren gehen.

Freunde des Arabischen Pferdes (VZAP) nüchtern als „Gebrauchskreuzung ohne Anspruch auf Einheitlichkeit" zusammenfasst, kristallisieren sich inzwischen aber ganz klar zwei Zuchtrichtungen heraus: die der arabisch geprägten Sportpferde und die der bunten oder westerngeprägten Arabischen Halbblüter. Im Sportpferdebereich kommen überwiegend Deutsche Warmblüter zum Zuchteinsatz.

Mehr Kontrolle

Viele Züchter Arabischer Halbblüter haben solide Prinzipien und sehnen sich deshalb sogar nach mehr Kontrolle von Seiten der Verbände. Sie bemängeln, dass es innerhalb der Zucht zu viel Wildwuchs gebe. Dem müssten die Verbände mit mehr Kontrollinstanzen begegnen.

Es ware gut, die Züchter vermehrt dazu zu bringen, ihre Pferde vorzustellen. Mehr Zuchtschauen, Fohleneintragungen und –bewertungen würden helfen, die Zucht in geregelte Bahnen zu bringen. Solange das nicht der Fall ist, wird die Rassegruppe „Arabisches Halbblut" auch weiterhin eine „Gebrauchskreuzung ohne Anspruch auf Einheitlichkeit" bleiben. Einige Verbände haben auf diesen Wunsch der Züchter mittlerweile auch reagiert und zum Beispiel unterschiedliche Sektionen für das Arabische Halbblut eingerichtet.

Arabische Halbblüter könnten – unter den richtigen Voraussetzungen – das Angebot an Sport- und Freizeitpferden durchaus bereichern. Und zwar mit einer höchst attraktiven und ansehnlichen Variante. Vielen Rassen verleiht die Einkreuzung arabischen Blutes mehr Pepp und Schick. Ein gutes Sportpferd darf durchaus auch ein edles, feines Köpfchen haben. Dem Dressur- oder Springpotenzial muss eine verbesserte Optik schließlich nicht schaden.

Arabische Halbblüter stehen oft im Warmbluttyp.

Berber

Die einen behaupten, reinrassige Berber würden nicht mehr existieren, andere sind ganz anderer Ansicht. In den nordafrikanischen Staatsgestüten werden jedenfalls nach wie vor Berber gezüchtet. Außerdem haben sich einige Privatzüchter – unter anderem in Deutschland und Frankreich – dieser alten Rasse angenommen. Berber gelten als zäh, ausdauernd und leistungsstark. Eigenschaften, die sie für Robusthaltung, Distanzsport und Wanderritte prädestinieren.

Viele werfen Berber mit Arabern in einen Topf, dabei sind Berber eine eigenständige Rasse. Diese unterlag zwar arabischem Einfluss, das aber erst nach einer langen, eigenen Entwicklungsgeschichte.

Typische Berber unterscheiden sich sogar stark von Arabern: Ihre Köpfe sind meistens ramsnasig und nicht konkav. Auch tragen sie ihren Schweif nicht erhoben, sondern fallen eher durch einen tiefen Schweifansatz auf. Das Gangwerk von Berbern ist markant: Es zeigt extrem viel Raumgriff, verläuft flüssig

bei schöner Knieaktion und überzeugt in jeder Gangart durch Schnelligkeit und Trittsicherheit. Manche Berber sind Naturtölter.

Eine der ältesten Pferderassen

Berber sollen neben Vollblutarabern eine der ältesten Pferderassen überhaupt sein. Ihre Heimat ist der Norden des afrikanischen Kontinents. Dort kann man ihre Spuren angeblich bis zur Eiszeit zurückverfolgen. Ähnlichkeiten mit Sorraias und iberischen Pferderassen wie Andalusiern und Lusitanos sind kein Zufall. Es hat bereits in den ersten Jahrhunderten nach Christus einen regen Austausch zwischen Nordafrika und Spanien gegeben. Erst im 7. Jahrhundert nach Christus gelangten arabische Pferde auf die iberische Halbinsel.

Es spricht einiges dafür, dass Nomaden wie die Touareg eine Berber-Reinzucht betrieben. Die edlen Pferde scheinen die Entwicklung der iberischen Rassen maßgeblich beeinflusst zu haben. Dieser Einfluss intensivierte sich erneut, als die Mauren in Spanien einfielen und das Land schließlich eroberten.

Abgesehen von Spanien gelangten Berberpferde von den afrikanischen Häfen aus mit Schiffen in viele Teile der Welt. Dort veredelten sie weitere Rassen. Einer der berühmtesten Berberhengste war Godolphin Barb, der die Zucht des Englischen Vollbluts prägte.

Die lange Schulter ermöglicht Berbern raumgreifende Gänge.

Eine Berber-Stute mit Fohlen im tunesischen Staatsgestüt

Gibt es noch Reinzucht?

Obwohl sich heute in fast allen Land-schlägen Nordafrikas Berberblut findet, ist die Reinzucht überwiegend auf die Staats-gestüte beschränkt. In Marokko, Algerien, Libyen und Tunesien sind viele Berber-Araber-Kreuzungen zu finden, die oftmals

„Barbarabe" genannt werden. Diese Pferde gelten als hart und ausdauernd. Sie zeigen einen deutlichen Arabereinfluss, der sich im konkaven Profil und in einem feinen Körper-bau niederschlägt.

Manche behaupten, es gebe keine rein-rassigen Berber mehr. Die Einkreuzungen anderer Rassen seien zu massiv gewesen. Dennoch gibt es Freunde der Rasse, die von

▶ Zähe Nordafrikaner

Name:	Berber
Ursprung:	Nordafrika
Stockmaß:	durchschnittlich 150 cm
Farben:	meistens Schimmel, aber auch Füchse, Braune und Rappen
Körper:	lange Schulter, kurzer Rücken, tiefer Schweif-ansatz
Kopf:	mittelgroß, oft ramsnasig
Hals:	kräftig, gerade
Hufe:	ausgezeichnete Qualität

Bei Beduinen sind Berber-pferde im traditionellen Ornat zu sehen.

der Existenz reinrassiger Berber überzeugt sind. Die Weltorganisation des Berberpferdes (OMCB), die es seit 1988 gibt, hat sich den Erhalt der Rassebestände auf die Flaggen ge-schrieben. Die Ursprungsländer des Berbers machen sich stark, um die Reinzucht zu bewahren und der Rasse eine neue Basis zu verschaffen.

Englisches Vollblut

Sie beherrschen die Rennbahnen und gelten als edelste und schnellste Pferderasse überhaupt: Englische Vollblüter haben weltweit unzählige von Fans. Während die einen gerne auf den heißblütigen Rössern reiten, verwetten andere ihr Hab und Gut auf Vollblüter. Denn wenn es um Galopp- und Flach- oder Trabrennen geht, kann keine andere Rasse mit dem Englischen Vollblut mithalten. Aber auch im Jagdsport und in anderen Disziplinen überzeugen Vollblüter.

In den letzten Jahren haben immer mehr Freizeitreiter die galoppierfreudigen Pferde für sich entdeckt. Englische Vollblüter sehen nicht nur edel aus, sondern sind auch vielseitig. Ein guter Ausbilder kann sie durchaus bis zu den schwersten Klassen der Dressur ausbilden. Auch ein anspruchsvoller Spring-Parcours ist eine willkommene Herausforderung. In der Vielseitigkeit haben Vollblüter die Gelegenheit, die Galoppierfreude gepaart mit Springvermögen auszuleben.

Die Zeiten, in denen man Vollblüter nur hinter den grünen Hecken internationaler Rennbahnen sah, sind vorbei. Sie tragen mitunter sogar Westernsättel und machen dabei keine schlechte Figur. Ihre Menschenbezogenheit und ihr hervorragendes Lernvermögen sind beste Voraussetzungen für viele Sparten der Reiterei und auch für den Fahrsport. Denn vor der Kutsche finden sich die wunderschönen Pferde ebenfalls hervorragend zurecht. Es gibt allerdings auch eine

Englische Vollblüter sind nicht nur schnell, sondern auch sehr gelehrig.

▶ Pfeilschneller Adel

Name:	**Englisches Vollblut**
Ursprung:	Großbritannien
Stockmaß:	durchschnittlich 160 cm
Farben:	Braun, Schwarzbraun, Rappen, Füchse; keine Falben, Isabellen oder Schecken
Körper:	hoher Widerrist, bemuskelter Rücken
Kopf:	klein bis mittelgroß, trocken, gerades Profil
Hals:	lang, gut angesetzt und getragen
Hufe:	groß, gut geformt, rund

Einschränkung: Vollblüter haben viel Temperament und sind sensibel. Damit kann und möchte auch nicht jeder umgehen müssen. Obwohl es Ausnahmen gibt, sind Vollblüter nicht die typischen Anfänger- und Verlasspferde, sondern brauchen einen guten und einfühlsamen Reiter.

Stars der Rennbahn

Englische Vollblüter gelten als die schnellsten Pferde der Welt. Das war schon immer so, und deshalb sind ihrem außerordentlichen Leistungsvermögen schon ganze Herrscher-Dynastien erlegen: die Tudors, die Stuarts, das Englische Königshaus, die Dubaier Herrscher-Familie Maktoum… Diese Liste ließe sich von der Vergangenheit bis in die Gegenwart schier endlos verlängern.

Kenner raunen bewundernd, wenn die Namen der großen Rennpferde-Vererber Darley Arabian, Byerley Turk, Godolphin Barb (Berber) oder Curwen Bay Barb fallen. Die Nachzucht dieser legendären Hengste machte auf den Rennbahnen der Welt Furore. Großbritannien, Irland, die USA und Frankreich gelten heute als Hochburgen der Vollblut-Zucht.

Tradition und Wetteifer

Die Anfänge der Zucht gehen bis auf die Zeit der römischen Besatzung zurück. Schon damals sollen die Bewohner der Britischen Inseln Pferde gegeneinander laufen lassen haben.

Inzwischen haben sich zwei Zuchtlinien herausgebildet: Zum einen recht große Vollblüter, die eher für Langstreckenbahnen prädestiniert sind, zum anderen kleinere, extrem bemuskelte Vollblüter, die in den USA entstanden und über gute Sprinter-Qualitäten verfügen.

Die Zucht Englischer Vollblüter liegt traditionell in privater Hand. Das Gebiet um Newmarket ist nach wie vor eine Hochburg des Zuchtgeschehens. Hier gibt es zahlreiche Gestüte, die alle nicht weit voneinander entfernt liegen. In Newmarket ist auch das British National Stud beheimatet.

Obwohl die Englische Vollblut-Zucht traditionell „strictly british" war, werden heute in über 50 Ländern die schnellsten Pferde der Welt gezüchtet. Das ist nicht zuletzt dem menschlichen Wetteifer zu verdanken, ohne den es Pferderennen nicht geben würde.

Bei Jagdreitern sind die edlen Vollblüter aufgrund ihres Temperaments und ihres Laufvermögens beliebt.

Shagya-Araber

Sie sind deutlich größer als Vollblutaraber und beeindrucken mit Reitpferdepoints. Als Erbe der k.u.k.-Monarchie faszinieren Shagya-Araber aber nicht nur Traditionalisten. Ihre Intelligenz, ihr Leistungswille und ihre Eleganz haben schon so manchen Warmblut-Fan fremdgehen lassen. Die bildschönen Pferde wurden über 200 Jahre lang in den Militärgestüten der österreichisch-ungarischen Monarchie auf der Basis alter orientalischer Blutlinien gezüchtet.

Die allermeisten Shagya-Araber sind Schimmel. Also ist intensives Putzen angesagt.

▶ Kaiserliches Erbe

Name:	**Shagya-Araber**
Ursprung:	Gebiet der k.u.k.-Monarchie
Stockmaß:	155–165 cm
Farben:	meistens Schimmel, selten Rappen, Füchse oder Braune
Körper:	kurze, steile Schulter; kurzer Rücken, ausgeprägter Widerrist
Kopf:	trocken, gerade oder leicht konkav
Hals:	geschwungen
Hufe:	hart

Wenn es um anspruchsvollen Dressur- und Springsport geht, laufen Shagya-Araber ihren vollblütigen Verwandten ganz klar den Rang ab. Ihr Exterieur vereint viele Qualitäten, die schwungvolle Gänge, Rittigkeit und Springvermögen fördern. Man sieht Shagyas auch im Distanzsport, wo sie Ausdauer und Härte unter Beweis stellen. Und in der Vielseitigkeit, bei der sie mit Galoppiervermögen, Kondition und Leistungswillen überzeugen. Selbst vor der Kutsche und im Jagdfeld machen die edlen Pferde eine gute Figur.

Als Freizeitpferde sind die Schätze der k.u.k.-Monarchie ebenfalls längst sehr begehrt. Schließlich sind Shagya-Araber nicht nur hübsch, sondern auch menschenbezogen und ausgesprochen vielseitig. Ihre robuste Gesundheit ermöglicht das ganze Jahr über Offenstall-Haltung. Das heißt allerdings: viel putzen! Die meisten Shagya-Araber sind Schimmel.

Der Bestand an Shagya-Arabern ist rückläufig. Dabei eignen sich diese menschenbezogenen Pferde für viele Sparten der Reiterei.

Warmblut-Veredler

Kein Wunder, dass manch einer vom Warmblutlager zu den Shagya-Freunden wechselt. Schließlich haben Letztere auch zur Veredelung der Warmblutzucht beigetragen: Gazal VII ShA und Bajar ShA sind in den Pedigrees berühmter Sportpferde wie zum Beispiel dem Dressur-Crack Rembrandt zu finden.

Während aber die Warmblut-Szene zurzeit fröhlich boomt, steht es um die Shagya-Araber gar nicht so gut. Momentan gibt es circa 2 000 Pferde dieser Rasse, und das ist wahrlich nicht viel.

Lag die Zucht früher vor allem bei den Nationalgestüten, haben inzwischen überwiegend private Züchter die Verantwortung übernommen. Die Internationale Shagya-Araber Gesellschaft koordiniert die internationalen Stutbücher.

▶ Legendäre Gestüte

Die Rassebezeichnung Shagya existierte noch nicht, als Ende des 18. Jahrhunderts schwere Landstuten mit Vollblutaraber-Hengsten verpaart wurden. Kaiserin Maria Theresia mangelte es an genügsamen Remonten für die Armee. Also förderte sie Zucht-Programme, um diese Lücke zu schließen. Damals nannte man die beliebten Reit- und Wagenpferde einfach „Araberrasse". Shagya-Araber heißen die rittigen Pferde erst seit 1978, als sich die internationalen Zuchtverbände schließlich darauf einigten. Natürlich gab es hierfür ein lebendes Vorbild: Shagya war der Name eines 1836 nach Bábolna importierten Araberhengstes, einem hervorragenden Vererber. Der Schimmelhengst Shagya wurde vom Beduinen-Stamm Bani Saher erworben. Das Gestüt Bábolna gehörte neben den Gestüten Kotzmann (später in Radautz umbenannt) und Mezöhegyes zu den wichtigsten Begründern und Bewahrern der Rasse.

Auf den Gestüten im heutigen Ungarn, Rumänien und der ehemaligen Tschechoslowakei wurde konsequent in einzelnen Stämmen gezüchtet. Deshalb gibt es noch heute Stutenlinien, die sich bis ins 18. Jahrhundert zurückverfolgen lassen.

Vollblutaraber

Für manche sind sie die schönsten Pferde der Welt. Vollblutaraber vereinen Adel, Exotik und Anmut. Als Distanzpferde und bei Flachrennen machen sie Furore. Im Schauring bezaubern die temperamentvollen Geschöpfe die begeisterten Zuschauer. Und nicht zuletzt glänzen sie auch als Freizeitpferde. Sie sind menschenbezogen, intelligent und gelehrig. Außerdem vereinen die „Trinker der Lüfte" Härte mit Leichtfuttrigkeit und einer hohen Lebenserwartung.

Vollblutaraber verstehen es, Show zu machen. Dabei sind sie im Umgang eher unproblematisch, wenn man sie einfühlsam behandelt.

Vollblutaraber gelten als eine der ältesten Pferderassen der Welt. Die Vorfahren der inzwischen weltweit beliebten Rasse lebten auf der arabischen Halbinsel, wo die Tradition der Vollblutaraberzucht nach wie vor einen hohen Stellenwert hat. In den arabischen Ländern sind es vor allem Herrscherhäuser, die sich Gestüte leisten können, was im 19. Jahrhundert auch in Europa der Fall war. Hier hat sich die Situation allerdings längst verschoben und Vollblutaraber sind quer durch alle sozialen Schichten verbreitet.

Distanz- und Rennsport

Im Distanz- und Rennsport kann der Vollblutaraber seine Ausdauer, Härte und Geschwindigkeit unter Beweis stellen. Aber auch als vielseitiges Freizeitpferd ist er beliebt. Das Gerücht, Vollblutaraber seien übernervös, ja hysterisch, bestätigt sich nicht, wenn sie artgerecht gehalten und gut ausgebildet werden. Im Gegenteil: Sie erweisen sich als ausgesprochen menschenbezogen, problemlos im Umgang und zuverlässig.

Wenn es um den großen Turniersport geht, laufen ganz klar andere Rassen dem Vollblutaraber den Rang ab. Es gibt zwar immer wieder einzelne Vollblutaraber, die in schweren Klassen der Dressur und beim Springen bestehen, doch sie sind Ausnahmen. Eine solide Ausbildung in Dressur und Springen bis Klasse L ist in der Regel jedoch möglich. Vorausgesetzt, die reiterlichen Fähigkeiten reichen hierfür aus.

Extreme

Ein kleines, feines Köpfchen mit der charakteristischen Einbuchtung der Nasenlinie (auch Dish genannt) gilt als typisch für Vollblutaraber. Dabei haben längst nicht alle einen Dish. Der ist vor allem bei Schaulinien ausgeprägt und erreicht mitunter Extreme,

die der Gesundheit des Pferdes nicht zugute kommen. Bei Pferden, die für den Distanz- oder Rennsport gezüchtet werden, zählen andere Qualitäten: zum Beispiel ein korrekter Körperbau, stabile Beine und ein belastbarer Rücken. Kriterien, die in der Schauszene oft zu kurz kommen.

Edel sollen sie sein

Abgesehen vom konkav geprägten Kopf, gilt auch der hohe Schweifansatz als arabertypisch. Wenn sich Vollblutaraber aufregen oder Hengste einer Stute imponieren wollen, richten sie ihren Schweif hoch auf. Es sieht schon edel aus, wenn ein Vollblutaraber über die Weide galoppiert und sein feines Langhaar wie ein Feuerschweif im Gegenlicht aufflammt. Dieser Eindruck wird noch durch die großen, ausdrucksvollen Augen verstärkt, denen in der Schauszene oft mit Schermaschine und Kosmetik Nachdruck verliehen wird. Auch die fein modellierte Nüsternpartie wird mithilfe von Babyöl auf Hochglanz gebracht. In den USA werden Schauarabern sogar die Tasthaare abrasiert, hierzulande ist das verboten. Die Gier nach Schauerfolgen geht so weit, dass manche Pferdebesitzer ihre Tiere sogar illegalen chirurgischen Eingriffen unterziehen, um dem Schönheitsideal näher zu kommen. Dabei haben Vollblutaraber all das nicht nötig, um ihre Einzigartigkeit zu entfalten.

▶ Wüstenkinder

Name:	**Vollblutaraber**
Ursprung:	arabische Halbinsel
Stockmaß:	148–156 cm
Farben:	Schimmel, Braune, Füchse und Rappen; keine Schecken
Körper:	quadratisch
Kopf:	klein, oft konkaves Profil
Hals:	hoch angesetzt, geschwungen
Hufe:	klein

Der auf ägyptische Blutlinien zurückgehende Hengst Imperial Baareez gilt als einer der schönsten Vollblutaraber weltweit. Er steht in den USA.

Kaltblüter

Freiberger

Nicht nur Western-Altmeister Jean-Claude Dysli hat auf ihnen seine ersten Reitstunden genommen. Freiberger sind die optimalen Einsteigerpferde für jeden, der lernen möchte, worauf es beim Reiten ankommt. Die Trittsicherheit der Schweizer Rasse ist legendär. Deshalb werden Freiberger so gerne für Wanderritte eingesetzt. Aber auch beim Westernreiten halten die mittelschweren Pferde sehr gut mit. Sie haben Temperament, sind aber gutmütig.

Es wäre schön, wenn mehr Freizeitreiter die Qualitäten der Freiberger für sich entdecken würden. Das könnte vielleicht dazu beitragen, dass nicht zwei Drittel aller in der Schweiz geborenen Freiberger-Fohlen im Alter von sechs Monaten geschlachtet würden. Genau das ist aber leider der Fall.

Diese tragische Entwicklung ist relativ neu. Früher wurden Freiberger von Bergbauern als Arbeitspferde genutzt, und auch die eidgenössischen Gebirgstruppen vertrauten auf die stabile Rasse. Man setzte sie überwiegend als Pack- und Zugtiere ein, manchmal aber auch als Reitpferd.

▶ Geländegängig

Name:	Freiberger, Franches Comtes
Ursprung:	Schweiz
Stockmaß:	150–160 cm
Farben:	meistens Braune, manchmal Füchse; selten Schecken
Körper:	kräftiger Rücken; abschüssige Kruppe
Kopf:	edel, leicht
Hals:	mäßig lang
Hufe:	fest, gesund

Freizeit- und Sportpferd

Seit den 60er-Jahren des letzten Jahrhunderts konzentriert sich die Zucht verstärkt auf den Reitpferdetyp. Ein schwedisches Warmblut und ein polnisch gezogener Araber brachten mehr Adel in die Rasse. Freiberger sind seitdem leichter geworden und tendieren eher in Richtung Warmblut. Mit Erfolg, denn als Freizeit- und Sportpferd hat die Rasse längst Karriere gemacht.

Freiberger-Züchter gibt es in der gesamten Schweiz. Ursprünglich war die Rasse jedoch direkt an der französischen Grenze, der Franche Comte des Schweizer Juras, angesiedelt. Deshalb werden Freiberger auch Franches Comtes oder Jurarasse genannt.

Begeisterungsfähig

Mit einer durchschnittlichen Größe von 150 bis 160 Zentimetern sind Freiberger nicht nur für Kinder und Jugendliche, sondern auch für Erwachsene geeignet. Ihre Vielseitigkeit kennt keine Grenzen: Die hübschen Schweizer lassen sich in Dressur und Springen ebenso ausbilden wie als zuverlässiges Gelände-Reitpferd. Ganz gleich, ob es zur Jagd, einem Geschicklichkeits-Turnier oder einem Seminar über Zirkuslektionen geht – Freiberger sind mit Begeiste-

Freiberger sind eine robuste Freizeitrasse. Sie eignen sich als Freizeit-, Wanderreit- und Kutschpferd.

rung bei der Sache. Sogar als Therapie-Pferde machen sie Furore. Hierbei kommt ihr umgängliches Wesen gut zur Geltung. Ihr Nervenkostüm ist stabil, aber trotzdem kommt mit ihnen nie Langeweile auf. Dazu sind sie wiederum zu rege.

Die meisten Freiberger sind braun, aber es gibt auch Füchse. Und manchmal sieht man sogar Schecken. Das sind aber echte Raritäten, die sich besonders gut unter dem Westernsattel machen. Ein toller Hingucker mit Trail-Potenzial!

▶ Unkomplizierte Robustrasse

Was die Haltung angeht, sind Freiberger ebenfalls denkbar unkompliziert. In einem ordentlich geführten Offenstall mit Herdenanschluss fühlen sie sich pudelwohl. Hochwertiges Heu und Stroh stellen die Nahrungsgrundlage der leichtfuttrigen Rasse dar. Kraftfutter wird in der Regel nur in kleinen Mengen gegeben.

Wie bei anderen leichtfuttrigen Rassen auch ist während der Weidesaison auf Hufrehe zu achten. Freiberger schlagen sich gerne den Bauch voll, und zuviel Gras kann sie krank machen. Zu Beginn der Weidesaison empfiehlt sich deshalb besonders langsames Aufweiden. Mit einer halben Stunde angefangen, die man im Laufe von drei Wochen auf ganztägigen Weidegang ausdehnt, kann eigentlich auch beim Freiberger nicht viel schiefgehen.

Italienisches Kaltblut

Tiro Pesante Rapido heißen Italienische Kaltblüter in ihrer Heimat. Übersetzt heißt das soviel wie „Zieht viel und ganz schnell". Das ist nicht übertrieben, denn die mediterranen Wuchtbrummen sind unglaubliche Muskelpakete. Dabei sind sie nicht schwerfällig, sondern erstaunlich beweglich, was sie zu beliebten Zug- und Fahrpferden macht. Es gibt auch Reiter, die sich für die Kolosse erwärmen, aber klassische Reitpferdepoints haben die süßen Dicken nicht.

Ähnlichkeiten mit Bretonen sind ganz und gar nicht zufällig. Die italienische Kaltblutzucht wurde lange Zeit von französischen Kaltblütern beeinflusst. Hierdurch entwickelte sich ein mittelschweres Arbeitspferd, das nicht nur Bauern begeisterte, sondern auch oft als Stangenpferd der Artillerie zu sehen war. Das ist heute seltener der Fall, aber Italienische Kaltblüter haben nichts von ihrer Robustheit verloren.

Freundlich und fleißig

Die üppigen Italiener sind einfach liebenswert. Das liegt an ihrem freundlichen Wesen und an der Art, wie sie mit fröhlichen Augen zwischen dem Schopfhaar hindurchlugen. Zum Glück sind die Tiro Pesante Rapido bei all ihrer Energie mit einem recht ruhigen Temperament gesegnet. Ansonsten dürfte es abenteuerlich sein, eine Tonne Lebendgewicht kontrollieren zu müssen.

Dank ihrer Umgänglichkeit sind die Italienischen Kaltblüter ausgezeichnete Kutschpferde für Freunde schwergewichtiger Kaliber. Ihr Zugvermögen ist gigantisch. Ob es um Bierwagen oder Planwagen voller Touristen geht – die mächtigen Rösser empfinden all das nur als Fliegengewicht. Aber auch Freizeitfahrer haben Freude an den schweren Jungs. Und den Reitplatz kann man mit ihrer Hilfe auch gleich abziehen …

In den Adern vieler Kaltblutrassen fließt auch italienisches Blut.

Einzigartig

Tiro Pesante Rapido sind die einzige italienische Kaltblutrasse. Das Hauptzuchtgebiet liegt im Norden Italiens. Das Hengstdepot in Ferrara galt lange als bedeutend; inzwischen sind die meisten Hengste in der Gegend um Verona zu finden. Einmal jährlich treten zweieinhalbjährige Hengste bei der Zugleistungsprüfung gegeneinander an. Der zuständige Zuchtverband ist ebenfalls in der berühmten Opernstadt untergebracht.

Wer sich einen Eindruck von den schwergewichtigen Rössern machen möchte, kann sie auf der Fieracavalli, der ältesten Pferdemesse der Welt, in Verona erleben. Jedes Jahr im November stellt der Zuchtverband dort seine Prachtexemplare vor.

Schlachtfohlen

Leider ist das Einsatzgebiet der kaltblütigen Gesellen inzwischen stark eingeschränkt. Die Landwirtschaft vertraut längst auf motorbetriebene Helfer und auch in der Maultierzucht benötigt man die Zugpferde nicht mehr. Früher wurden Tiro Pesante Rapido gerne mit Maultieren verpaart, um kräftige Tragtiere für die Gebirgstruppen zu züchten.

Der Grund, weshalb man trotzdem noch immer von einem regen Zuchtgeschehen sprechen kann, ist ein trauriger: Italienische Kaltblüter dienen heute fast ausschließlich der Erzeugung von Schlachtfohlen. In Nord- und Süditalien ist Pferdefleisch – und vor allem das zarte Fohlenfleisch – sehr beliebt. Um diese Nachfrage zu befriedigen, werden den Kaltblutstuten ihre wenigen Wochen alten Fohlen entrissen. Die Kleinen werden zusammengepfercht, auf Transporter getrieben und auf Schlachthöfen getötet. Anstatt ihre Lebensfreude auf einer großen Weide auszutoben, endet ihr Leben allzu früh. Wenn mehr Kaltblut-Fans ihre Leidenschaft für italienische Schwergewichtler entdecken, könnte sich diese Situation vielleicht ändern.

Die italienischen Kraftpakete wurden lange Zeit als Zugpferde eingesetzt.

▶ Mediterrane Muskelpakete

Name:	**Tiro Pesante Rapido, Italienisches Kaltblut**
Ursprung:	Italien
Stockmaß:	152 – 158 cm
Farben:	Dunkelfüchse mit blondem Langhaar, Füchse und Braune
Körper:	gut gelagerte Schulter; breite, muskulöse Brust; kurzer, kräftiger Rücken
Kopf:	relativ klein, breite Stirn
Hals:	gut aufgesetzt, muskulös
Hufe:	mittelgroß, rund, sehr gute Hornqualität

Polnisches Kaltblut

Sie sind wahrlich keine Raritäten: Polnische Kaltblüter machen die größte Gruppe der in Polen lebenden Pferde aus. Das hat einen Grund: In Polen werden nach wie vor riesige Landwirtschaftsflächen bewirtschaftet und aus Kostengründen sind dort mehr Pferde als Traktoren im Einsatz. Doch man muss kein Bauer sein, um Freude an einem Polnischen Kaltblut zu haben: Auch Fahrsport-Fans finden Geschmack an den genügsamen Muskelpaketen.

Es muss ja nicht unbedingt gleich die schwerste Ausführung des Polnischen Kaltbluts sein. Schließlich gibt es auch leichtere Typen, und die sind noch stark genug, wenn es um das Ziehen von Kutschen oder richtig schweren Lasten wie Baumstämmen geht.

Wer Polnische Kaltblüter kennt, schätzt ihre Begabung, ganz schnell zu lernen. Von wegen stur oder gar dumm: Sie begreifen flotter als so manches, durchaus höher im

Blut stehende Pferd. Und was sie einmal gelernt haben, ist für immer präsent und abrufbar. Sogar nach vielen Jahren erinnern sich die Schwergewichte sofort an Dinge, die man ihnen vor langer Zeit beigebracht hat.

Ihre Arbeit verrichten sie stets mit Feuereifer. Ablenkungen gibt es nicht. Polnische Kaltblüter haben ihr Ziel ganz klar vor Augen und arbeiten konzentriert und mit echter Begeisterung mit.

Leichte Polnische Kaltblüter machen sich gut als Passgespann vor der Kutsche.

Ganz schön stark

Name:	Polnisches Kaltblut
Ursprung:	Polen
Stockmaß:	148–160 cm
Farben:	überwiegend Füchse und Braune, auch Fuchs- und Braunschimmel
Körper:	deutlicher Widerrist; kräftiger, kurzer Rücken, breite abschüssige Kruppe
Kopf:	trocken, ausdrucksvoll
Hals:	gut aufgesetzt, mittellang
Hufe:	hart, sehr gute Form

Eine kräftige, melonenrunde Kruppe ist ein Muss für Polnische Kaltblüter.

Hart im Nehmen

Bei allem Arbeitseifer begeistern die osteuropäischen Muskelprotze aufgrund ihrer Gutmütigkeit. Der Umgang mit ihnen ist so problemlos, dass man kein Rittmeister sein muss, um mit ihnen zurechtzukommen. Diese Pferde nehmen ihren Menschen so gut wie nichts übel, was natürlich kein Freibrief für schlechte Behandlungen sein sollte.

Trotz ihrer opulenten Größe benötigen Polnische Kaltblüter verhältnismäßig wenig Kraftfutter. Wenn sie täglich hochwertiges Heu und gutes Futterstroh vorfinden, reicht das fast aus, um sie in Form und Kondition zu halten.

Uneinheitlich

Zurzeit ist die Zucht recht uneinheitlich, was der polnische Pferdezüchterverband sehr bedauert. Er kämpft gegen die unkontrollierte Einkreuzung anderer Rassen – vor allem der von Warmblütern.

Erklärtes Ziel ist die Bewahrung eines schweren Kaltbluttyps. Hierzu wird mit belgischen Kaltblutrassen geliebäugelt. Als ideal gilt der Schweden-Ardenner-Typ. Ein typvolles Polnisches Kaltblut ist edler und drahtiger als französische und belgische Kaltblüter. Aber es ist trotzdem mächtig und hat viel Fleisch auf den Knochen.

Schicksalhaft

Der Wunsch nach möglichst schweren, fleischigen Typen kommt leider auch bei dieser Rasse nicht von ungefähr. Polnische Kaltblüter teilen sich mit anderen schweren Rassen – wie zum Beispiel den Italienischen Kaltblütern – ein Schicksal, das Pferdefreunden einen Schauer über den Rücken jagt. Immer mehr Züchter konzentrieren sich auf die Produktion von Schlachtfohlen. Ein einträgliches Geschäft, das für die Fohlen in tagelangen Schlachttransporten Richtung Frankreich endet.

Diese Entwicklung wird sich vermutlich fortsetzen, weil immer mehr polnische Betriebe auf motorisierte Hilfsmittel umsteigen. Da bieten die Schlachtpferde einen attraktiven Zusatzverdienst.

Es wäre schade, wenn sich das Kapitel des Polnischen Kaltblutes auf diese Weise schließt. Denn die vielen Lokalschläge stellen einen wertvollen Genpool der Pferdezucht dar. Außerdem haben sie wirklich gute Voraussetzungen, um auch in Freizeitreiterkreisen einen festen Platz zu finden.

Shire Horse

Alles an Shire Horses ist x-large: Mit einem Stockmaß von 170 bis 195 Zentimetern sind sie die größten Pferde der Welt. Einige Shires überschreiten sogar die Zwei-Meter-Grenze. Wie mag man da nur hinaufkommen? Und doch schaffen es einige Reiter, die Sättel der Pferderiesen zu erklimmen. Shire Horses haben viele Fans und die reiten ihre Lieblinge oder spannen sie vor Kutschen. Auch vor Brauereiwagen sind die Giganten oft zu sehen.

Shire Horses sind die größten Pferde der Welt. Und anscheinend haben sie auch die stabilsten Nerven.

Im Mittelalter schworen etliche verwegene Rittersleute auf Shire Horses. Bei Wettkämpfen donnerten sie mit den vierbeinigen Riesen über das Turniergelände und lehrten ihre Gegner das Fürchten. Allerdings dürften Shire Horses damals nicht ganz so groß gewesen sein, wie sie es heute sind.

Die planmäßige Zucht der Rasse begann erst im 18. Jahrhundert mit Robert Bakewell, der 1760 Leiter des Gestüts Dishley in Leicestershire wurde. Er konzentrierte sich zwar in den ersten Jahren vorrangig auf die Schaf- und Rinderzucht, verlegte sich aber schon bald auf Shire Horses. Mit großem Erfolg.

Arbeitspferde

Die schier unermessliche Kraft der Shire Horses wurde schon bald wirtschaftlich genutzt. Die gutmütigen Riesen zogen Lasten, transportierten dabei die unterschiedlichsten Waren und ließen Menschen Wetten abschließen. Wer hatte das größte, wer das kräftigste Pferd?

Ab dem 19. Jahrhundert wurden Shires sozusagen zu Verkehrsmitteln. Sie zogen die Vorgänger der Straßenbahnen und kutschierten Passagiere quer durch die Stadt.

Name:	Shire Horse
Ursprung:	England
Stockmaß:	170–195 cm, manche auch noch größer
Farben:	überwiegend Rappen und Dunkelbraune, selten Schimmel
Körper:	Widerrist reicht weit in den Rücken hinein; bemuskelter, kurzer Rücken; gut geformte, abschüssige Kruppe
Kopf:	groß, lang gestreckt
Hals:	gute Länge, schön geschwungen
Hufe:	groß, rund, weit

Einige Freizeitreiter haben ihr Herz an die charmanten Riesen verloren.

Abwärts-Trend

Offensichtlich blieb bei aller Nützlichkeit die Qualität der Rasse irgendwann auf der Strecke. Hervorragende Shire Horses verließen England, weil sie Käufer aus anderen Ländern erworben hatten. Oder sie standen auf einmal in Schottland, weil man sie dort für den Aufbau der Clydesdale-Zucht einsetzte. All das führte dazu, dass typvolle Shire Horses plötzlich Mangelware wurden.

► Erfolgreiche Zuchtgeschichte

Offensichtlich schöpfte Bakewell aus dem westfriesischen Pferdebestand, der mit niederländischen Kriegsgefangenen nach England gekommen war, und setzte ausgesuchte Stuten regionaler Herkunft ein. Es wird auch behauptet, Bakewell habe sogar selbst Pferde in Westfriesland erworben. Auch ein schwarzer Deckhengst aus Leicestershire soll seinen Beitrag zur Reinzucht der Shire Horses geleistet haben. Dies war der Auftakt zu einer erfolgreichen Zuchtgeschichte.

Die 1878 gegründete Shire Horse Society erkannte das Problem und kämpfte für die Reinzucht. Sie trug nur Pferde ein, die dem Ideal entsprachen. Die Industrielle Revolution versetzte der Rasse dann einen weiteren Schlag: Die imposanten Shire Horses drohten auszusterben.

Brauerei-Pferde

Das verhinderten Privatzüchter und Betreiber großer Brauereien, die Shires nach wie vor für ihre Brauereiwagen einsetzten. Noch heute sind die Riesen mit dem üppigen weißen Fesselbehang vor solchen Wagen zu sehen. Allerdings weniger bei der täglichen Arbeit als zu Showzwecken, die Groß und Klein begeistern. Die Londoner Brauereien Whitbread & Co. Ltd. und Young Co's Brewery Ltd. haben hervorragende Gentle Giants in ihren Stallungen stehen. Der Shire Horse Society, die auch heute noch eng mit den Brauereien zusammenarbeitet, ist es ebenfalls zu verdanken, dass die größte Kaltblutrasse der Welt noch immer die Herzen der Pferdefreunde erobert.

Kleines Lexikon

Aalstrich Dunkler Streifen, der sich vom Mähnenkamm bis zur Schweifrübe des Pferdes zieht

Abzeichen Weiße Flecken unterschiedlicher Form und Größe an Kopf und Beinen

Albinismus Pigmentmangel von Haut, Haaren und Augen

Allel Ausprägungsform einer Erbanlage, eines Gens

Axthieb Unschöne Einbuchtung am Halsansatz, kurz über dem Widerrist

Bandmaß Die Größe des Pferdes, die mithilfe eines an den Körper angelegten Maßbandes ermittelt wird (vom Boden bis zum Widerrist)

Behang Fessel- oder Kötenbehang des Pferdes; manchmal auch zusammenfassend für Mähne, Schweif und Fesselbehang

Deckhaar Längeres, oft sehr festes Haar, das den Körper des Pferdes vor Witterungseinflüssen schützt

Dish Charakteristische Einbuchtung der Nasenlinie beim Vollblutaraber

Dominant Eigenschaft eines Allels, ein anderes (rezessives) Allel zu überdecken

Exterieur Körperbau oder Gebäude des Pferdes

Fischauge Helles, glasiges – meistens blaues – Auge

Fundament Beine des Pferdes

Ganaschen-freiheit Weiter Abstand der Unterkieferäste

Gestüt Zuchtstätte für Pferde, staatlich oder privat

Hechtkopf Die Nasenlinie verjüngt sich extrem zu den Nüstern hin und zeigt eine leichte Innenbiegung

Hinterhand Kruppe, Schweif und Hinterbeine

Hirschhals	Stark bemuskelter Unterhals, meistens in Verbindung mit einem hoch erhobenen Kopf	**Langhaar**	Mähne und Schweif des Pferdes
Interieur	Wesen des Pferdes	**Mittelhand**	Rumpf des Pferdes
Kadenz	Das Maß, wie weit ein Pferd in der Bewegung seine Hufe vom Boden löst	**Ramsnase**	Eine nach außen gewölbte Nasenlinie
		Raufutter	Heu und Stroh
Kaliber	Stabilität von Knochen und Gelenken	**Rezessiv**	Eigenschaft eines Allels, sich durch ein anderes Allel überdecken zu lassen
Karpfenrücken	Der Rücken ist im hinteren Bereich wie ein Buckel aufgewölbt	**Rittigkeit**	Veranlagung, auf Reiterhilfen eingehen zu können
Konkav	Nach innen gewölbt	**Stockmaß**	Die Größe des Pferdes, die mithilfe eines speziellen Stockes mit waagerechtem Messarm ermittelt wird (vom Boden bis zum Widerrist)
Konvex	Nach außen gewölbt		
Krötenmaul	Rosafarbene Hautstellen am Pferdemaul, die durch eine schwache Pigmentierung zustande kommen		
		Vorhand	Kopf, Hals, Widerrist und Schulter
Kuhhessig	Fehlerhafte Beinstellung: Die Hinterbeine des Pferdes stehen – von hinten betrachtet – nach außen gebogen.	**Zuchtverband**	Vereinigung, die sich für den Fortbestand und die Verbesserung einer bestimmten Pferderasse einsetzt

Büchertipps für Pferdefreunde

Amler, Ulrike: **Alles über Pferde**
Ein gelungener Einstieg in die Welt der Pferde mit vielen Informationen und schönen Bildern!
KOSMOS Verlag, Stuttgart 2006

Amler, Ulrike: **Alles übers Reiten**
Von der Suche nach dem geeigneten Reitstall über die sinnvolle Ausrüstung und die ersten Reitstunden bis hin zu Reitabzeichen oder Turnierstart liefert dieses Buch das nötige Basiswissen.
KOSMOS Verlag, Stuttgart 2007

Behling, Silke: **Wie erziehe ich mein Pferd**
Dieser Ratgeber zeigt einfach und übersichtlich den richtigen Umgang mit dem Pferd, der für die Harmonie zwischen Mensch und Tier wahre Wunder wirkt!
KOSMOS Verlag, Stuttgart 2007

Binder, Sybille L.: **Was denkt mein Pferd**
Pferde senden viele Körpersignale aus, und wer sie richtig deutet, ist auf dem besten Weg zu einer verständnisvollen Partnerschaft! Zahlreiche Bilder helfen, typisches Pferdeverhalten richtig zu erkennen und zu verstehen.
KOSMOS Verlag, Stuttgart 2006

Binder, Sybille L.: **Reiten lernen, ganz entspannt**
Der Einsteigerkurs. Eine Reitlehre, die Spaß und gute Laune bringt. So macht das neue Hobby „Reiten" Freude von Anfang an!
KOSMOS Verlag, Stuttgart 2004

Binder, Sybille L.: **Populäre Irrtümer über Pferde**
Vom Schlafen im Stehen und vom Hafer, der sticht. Kurioses, Wunderliches und Erstaunliches über Pferde. Ein wunderbares Geschenk für Pferdefreunde.
KOSMOS Verlag, Stuttgart 2005

GaWaNi Pony Boy: **Horse, Follow Closely**
Eins sein mit dem Pferd ist der Traum vieler Reiter. Für die Indianer war er Realität. GaWaNi Pony Boy zeigt, wie dieser Traum auch heute noch wahr werden kann.
Auch als DVD mit Booklet erhältlich!
KOSMOS Verlag, Stuttgart 1999, 2004, 2007

Gohl, Christiane: **Pferde kennen und verstehen**
Verhalten, Umgang, Reiten. Das ideale Buch für Einsteiger beantwortet alle Basisfragen rund ums Pferd. Mit vielen praktischen Extra-Tipps.
KOSMOS Verlag, Stuttgart 2005

Gohl, Christiane: **Was der Stallmeister noch wusste**
Kurioses, Amüsantes und Nützliches rund um Pferde – aus einer Zeit, in der Reiten kein Hobby, sondern Alltag war.
KOSMOS Verlag, Stuttgart 2004

Krämer M./Schumacher J.: **Die Kosmos Reitlehre**
Erfolgreich im Sattel von Anfang an! Dieses Standardwerk greift alle Aspekte der Reiterei auf   von der klassischen Reitausbildung bis hin zu alternativen Reitweisen.
KOSMOS Verlag, Stuttgart 2002

Puls, Susanne: **Der ganz normale Reiterwahnsinn**
Das amüsante Lesebuch für alle Pferdefreaks. Ideal auch zum Verschenken!
KOSMOS Verlag, Stuttgart 2004

Rashid, Mark: **Der auf die Pferde hört**
Mark Rashid ist einer der besten Pferdeausbilder Nordamerikas. Sensibel, humorvoll und mit überraschenden Einsichten schildert er in vielen Erlebnissen und Fallbeispielen seinen ganz persönlichen Weg mit seinen Lehrmeistern, den Pferden.
KOSMOS Verlag, Stuttgart 1999, 2006

Rashid, Mark: **Der von den Pferden lernt**
Humorvoll und einfühlsam erzählt der Pferdetrainer, wie er durch sein Pferd Buck einen anderen Blickwinkel für den Umgang mit Mensch und Tier und die eigene Lebensbewältigung bekam.
KOSMOS Verlag, Stuttgart 2007

Resnick, Carolyn: **Tochter der Mustangs**
Die gefühlvolle Biografie einer Frau, die im Westen Amerikas mehrere Sommer unter Wildpferden lebte und durch diese Erfahrungen einen ganz eigenen Weg des Umgangs mit Pferden entwickelte.
KOSMOS Verlag, Stuttgart 2007

Stern, Horst: **So verdient man sich die Sporen**
Die populärste Reitlehre der Welt im unnachahmlichen Stil von Horst Stern – seit über 30 Jahren unerreicht!
KOSMOS Verlag, Stuttgart 2005

Vanhala, P./Seppälä-Vanhala, S.: **Die Pferde aus Juhola**
Wenn der Traum von den eigenen Pferden hinter dem Haus Wirklichkeit wird, gibt es vieles zu erzählen: ein wunderschönes Pferde-Tagebuch mit vielen Bildern.
KOSMOS Verlag, Stuttgart 2004

Register

Impressum

Bildnachweis

Alle Bilder dieses Buches wurden fotografiert von Gabriele Metz, Mülheim (www. gabriele-metz.de).

Alle Angaben und Methoden in diesem Buch sind sorgfältig erwogen und geprüft. Sorgfalt bei der Umsetzung ist indes doch geboten. Verlag und Autorin übernehmen keinerlei Haftung für Personen-, Sach- oder Vermögensschäden, die im Zusammenhang mit der Anwendung und Umsetzung entstehen könnten.

Impressum

Umschlaggestaltung von eStudio Calamar unter Verwendung zweier Farbfotos von Gabriele Metz, Mülheim

Mit 198 Farbfotos

Bibliografische Information der Deutschen Nationalbibliothek
Die Deutsche Nationalbibliothek verzeichnet diese Publikation in der Deutschen Nationalbibliografie; detaillierte bibliografische Daten sind im Internet über http://dnb.ddb.de abrufbar.

Gedruckt auf chlorfrei gebleichtem Papier

Unser gesamtes lieferbares Programm und viele weitere Informationen zu unseren Büchern, Spielen, Experimentierkästen, DVD, Autoren und Aktivitäten finden Sie unter **www.kosmos.de**

© 2007, Franckh-Kosmos Verlags-GmbH & Co. KG, Stuttgart
Alle Rechte vorbehalten
ISBN 978-3-440-10946-5
Redaktion: Birgit Bohnet
Gestaltungskonzept: Sven Melchert/Mark Emmerich
Produktion: Kirsten Raue, Claudia Kupferer
Printed in Germany / Imprimé en Allemagne

Basiswissen aus erster Hand

Silke Behling
Wie erziehe ich mein Pferd
96 Seiten, ca. 140 Abbildungen
€/D 9,95; €/A 10,30; sFr 19,10
ISBN 978-3-440-10947-2

- Die Basics der Pferdeerziehung

- Dieser Ratgeber zeigt einfach
und übersichtlich den richtigen
Umgang mit dem Pferd, der für
die Harmonie zwischen Mensch
und Tier wahre Wunder wirkt

Ulrike Amler
Alles übers Reiten
144 Seiten, 250 Abbildungen
€/D 9,95; €/A 10,30; sFr 18,–
ISBN 978-3-440-10862-8

- So macht das neue Hobby
„Reiten" Freude von Anfang an

- Basiswissen pur: Von der Suche
nach dem geeigneten Reitstall
über die Ausrüstung und die
ersten Reitstunden bis hin zu
Reitabzeichen und Turnierstart